해석을 방해하는 길고 어려운

# 영어문장
# 완전분석

해석을 방해하는 어렵고 긴

**영어문장 완전분석**

**발 행** | 2018년 12월 31일
**저 자** | Dr. K
**펴낸이** | 한건희
**펴낸곳** | 주식회사 부크크
**출판사등록** | 2014.07.15.(제2014-16호)
**주 소** | 경기도 부천시 원미구 춘의동 202 춘의테크노파크2단지 202동 1306호
**전 화** | 1670-8316
**이메일** | info@bookk.co.kr

**ISBN** | 979-11-272-5649-4

**www.bookk.co.kr**

# 영어문장완전분석

Dr. K 지음

# 영어문장,
# 해석이 안 되면 구조를 분석한다

영어로 일을 하는 직업이거나 영어를 전공하지 않는 이상 영어 문장을 읽을 기회가 그렇게 흔하지 않은 것이 현실입니다. 그렇다보니 어쩌다 문법 설명용으로 나온 영어 문장을 제외하고는 읽어볼 엄두도 내지 못하고 영자 신문이나 영어 사이트의 글들을 읽어보려니 머리만 아픈 경우가 많죠.

그러나 그렇게 겁낼 일이 아닙니다. 해결책으로 영어 문장의 구조를 분석해보기를 권합니다. 문장 구조를 한눈에 파악하는 수준이 되면 모르는 단어가 나와도 대략적인 의미 파악이 가능해집니다.

영어와 우리말의 어순이 다르다는 것 알고 계시죠? 그래서 어순을 구조화해서 머릿속에 넣어두어야 합니다. 이것을 분석하는 것이 문장을 분석하는 것입니다.

## 구조가 보이면 의미가 보인다

영어 문장의 구조를 분석하면 의미도 보입니다. 가장 어려운 부분이 아무 곳에나 아무 때나 등장하는 수식어구일 것입니다. 수식어구들이 어떤 형태로 끼어들고 덧붙여지는지 확인하는 습관을 들이면 문장에서 핵심 요소 이외의 것을 배제하고 뼈대를 볼 수 있는 눈이 생깁니다.
뼈대를 볼 줄 알면 핵심 의미를 알 수 있게 되고 수식어구의 의미로 문장의 의미가 풍부해지는 것을 알 수 있습니다.

문장의 의미를 파악하는 데는 어휘력이 전부가 아닙니다!
문장의 구조를 보는 눈이 우선입니다. 단어를 몰라도 문장 구조를 통한 전반적인 의미를 파악하고 나면 모르는 단어의 의미는 유추가 가능합니다.

CONTENT

# *The Last Leaf* 마지막 잎새

*영어문장 완전분석*

1

In a little district west of Washington Square the streets have run crazy and broken themselves into small strips called "places."

워싱턴 스퀘어의 작은 서쪽 구역에는 길이 이리 저리 마구 얽혀서 작은 길들로 나눠지는데, '플레이스'라고 불린다.

부사구[In a little district west of Washington Square] + 주어[the streets] + 동사구1[have run crazy] + 등위접속사[and] + 주어 생략 + 동사구2[broken themselves into small strips called "places."]

-동사구1
동사[have run] + 보어[crazy]

-동사구2
동사[(have 생략) broken] + 목적어[themselves] + 전치사구[into small strips called "places."]

-전치사구
전치사[into] + 전치사의 목적어[small strips] + stripes를 수식하는 과거분사[called "places."]

-------------------------------

2
These "places" make strange angles and curves.

이 '플레이스'들은 이상한 각과 곡선들을 만들어낸다.

주어[These "places"] + 동사[make] + 목적어1[strange angles] + 등위접속사[and] + 목적어2[curves]

등위접속사 and가 목적어 두 개를 연결하고 있습니다.

-----------------------------

3
One Street crosses itself a time or two.

하나의 길이 한두 번 스스로를 교차한다.

주어[One Street] + 동사[crosses] + 목적어[itself] + 빈도부사구[a time or two]

-----------------------------

4

An artist once discovered a valuable possibility in this street.

한 화가가 이 거리에서 의미 있는 가능성을 발견했다.

주어[An artist] + 시간부사[once] + 동사[discovered] + 목적어[a valuable possibility] + 장소부사구[in this street]

목적어로 명사 possility가 쓰였습니다. 그 앞에 관사 a, 형용사 valuable이 수식해주고 있습니다.

------------------------------

5

Suppose a collector with a bill for paints, paper and canvas should, in traversing this route, suddenly meet himself coming back, without a cent having been paid on account!

수금원이 물감과 종이와 캔버스에 대한 고지서를 들고 이 거리를 헤매다가 외상 한 푼 받지 못하고 되돌아 나간다면 어떨지 상상해보라!

명령문[Suppose a collector with a bill for paints, paper and canvas should, in traversing this route, suddenly meet himself coming back] + 수식어구[without a cent having been paid on account]

-명령문
동사[Suppose] + 접속사 that 생략 + 주어[a collector] + 수식어구[with a bill for paints, paper and canvas] + 조동사[should] + 삽입구[in traversing this route] + 부사[suddenly] + should에 이어지는 동사원형[meet] + 목적어[himself] + himself 수식구[coming back]

-삽입구[전치사[in] + 동명사[traversing] + 목적어[this route]

-수식어구
전치사[without] + 전치사의 목적어[a cent] + a cent의 수식어구[having been paid on account]

------------------------------

6

So, to quaint old Greenwich Village the art people soon came prowling, hunting for north windows and eighteenth-century gables and Dutch attics and low rents.

그래서 이 색다르고 오래된 그리니치 빌리지에 곧 화가들이 몰려들어, 북향의 창과 18세기 풍 박공, 그리고 네덜란드 풍 다락방, 싼 방세를 찾아다녔다.

등위접속사[So] + 장소부사구[to quaint old Greenwich Village] + 주어[the art people] + 시간부사[soon] + 동사구[came prowling] + 현재분사구[hunting for north windows and eighteenth-century gables and Dutch attics and low rents]

-현재분사구

현재분사[hunting for] + hunt의 목적어3개[north windows and eighteenth-century gables and Dutch attics and low rents]

문두의 So는 '그래서'라는 의미를 나타내는 접속사인데 앞 문장에 대한 내용이 연결되는 것이죠. 이후 문장 구조를 파악하는 데는 영향을 미치지 않는다고 보면 됩니다. 문장에서 항상 주어와 그에 연결되는 동사를 파악하는 것이 우선입니다. 주어와 동사 사이에 있는 부사구나 삽입구도 지우고 볼 수 있어야 합니다.

------------------------------

7

Then they imported some pewter mugs and a chafing dish or two from Sixth Avenue, and became a "colony."

그리고 그들이 6번가에서 머그컵과 탁상용 풍로를 하나 둘 들고 들어와서 '예술인 군락이 생겼다.

시간부사[Then] + 주어[they] + 동사[imported] + 목적어구[some pewter mugs and a chafing dish or two] + 장소부사구[from Sixth Avenue] + 등위접속사[and] + 동사[ became] + 보어[a "colony"]

등위접속사 and로 동사 imported와 became이 연결되어 있습니다.

8

At the top of a squatty, three-story brick Sue and Johnsy had their studio.

수와 존시는 나지막한 3층 벽돌집 꼭대기에 화실을 두었다.

부사구[At the top of a squatty, three-story brick] + 주어[Sue and Johnsy] + 동사[had] + 목적어[their studio]

부사구가 길지만 주어와 동사가 분명히 보이는 문장입니다.

-----------------------------

9

One was from Maine; the other from California.

한 사람은 메인 주 출신이고 다른 사람은 캘리포니아 출신이었다.

주어[One] + 동사[was] + 전치사구[from Maine]; 명사구[the other] + 전치사구[from California]

세미콜론(;) 다음에 온 명사구는 앞 문장과 같은 동사 was를 생략한 채 one에 대응하는 명사 the other와 동사 뒤에 남은 전치사구 from California만 쓴 것입니다. 동사 was는 있으나 없으나 차이가 없기 때문입니다. one ~, the other ~ 구문은 둘을 비교할 때 쓰는 구문입니다. '하나는 ~, 다른 것은 ~'이란 뜻입니다.

------------------------------

10

They had met at the table d'hote of an Eighth Street "Delmonico's," and found their tastes in art, chicory salad and bishop sleeves so congenial that the joint studio resulted.

그들은 8번 가의 '델모니코' 식당에서 정식을 먹다가 만나, 예술에 있어서나 치커리 샐러드나 예복 소매의 취향에 있어서나 취향이 같다는 것을 발견하고는 화실을 같이 쓰게 되었다.

절1[They had met at the table d'h?te of an Eighth Street "Delmonico's,"] 등위접속사[and] + 주어 생략한 절2[found their tastes in art, chicory salad and bishop sleeves so congenial that the joint studio resulted]

-절1

주어[They] + 동사[had met] + 장소부사구[at the table d'h?te of an Eighth Street "Delmonico's,"]

-절2

주어 생략 + 동사[found] + 목적어[their tastes in art, chicory salad and bishop sleeves] + 목적격보어[so congenial] + so ~ that절연결[that the joint studio resulted]

------------------------------

11
That was in May.

그것은 5월이었다. / 5월의 일이었다.

주어[That] + 동사[was] + 시간부사구[in May]

------------------------------

12
In November a cold, unseen stranger, whom the doctors called Pneumonia, stalked about the colony, touching one here and there with his icy fingers.

11월이 되자 의사들이 폐렴이라고 부르는 차갑고 보이지 않는 낯선 이가 이 집단을 여기저기서 쏘다니면서 그 차가운 손가락으로 사람들을 만지고 다녔다.

시간부사구[In November] + 주어[a cold, unseen stranger] + 형용사절[whom the doctors called Pneumonia] + 동사구[stalked about] + 목적어[the colony] + 분사구문[touching one here and there with his icy fingers]

-형용사절
목적격관계대명사[whom] + 주어[the doctors] + 동사

[called] + 목적격보어[Pneumonia]

-분사구문
현재분사[touching] +목적어[one] + 부사구[here and there] + 전치사구[with his icy fingers]

주어를 수식하는 형용사절을 지우고 보면 주어와 동사가 더 명확하게 보입니다. 큰 덩어리별로 정리한 내용을 확인해보세요. 먼저 주절의 주어 a cold, unseen stranger의 동사는 stalked about입니다. 그 동사에 대한 목적어가 the colony 입니다.

-----------------------------

13

Over on the east side this ravager strode boldly, smiting his victims by scores, but his feet trod slowly through the maze of the narrow and moss-grown "places."

이스트사이드에서는 이 파괴자가 대담하게 쏘다니면서 수십 명의 희생자를 공격하고 있는데, 이 좁고 이끼낀 '플레이스'의 미로를 통과하면서는 느리게 걸어다녔다.

장소부사구[Over on the east side] + 주어[this ravager] + 동사[strode] + 부사[boldly] + 동시상황 분사구문 [smiting his victims by scores] + 등위접속사[but] + 주어[his feet] + 동사[trod] + 부사[slowly] + 전치사구 [through the maze of the narrow and moss-grown "places"]

-동시상황 분사구문
현재분사[smiting] + 목적어[his victims] + 전치사구[by scores]

등위접속사로 연결된 두 개의 절이 있습니다. 장소 부사구로 시작한 절 Over on ~ by scores까지 절 하나, 등위접속사 but 다음에 주어 his feet로 시작하는 또 다른 절 하나입니다. 등위접속사로 연결된 절들은 주어가 다르면 생략할 수 없습니다.

-----------------------------

14

Mr. Pneumonia was not what you would call a chivalric old gentleman.

폐렴 씨는 기사도적인 노신사라고 부를 것이 아니었다.

주어[Mr. Pneumonia] + 동사[was] + 부정어[not] + 보어절[what you would call a chivalric old gentleman]

-보어절
명사절접속사[what] + 주어[you] + 동사[would call] + 목적격보어[a chivalric old gentleman]

동사 was의 보어로 절이 왔습니다. 보통 목적어나 보어로 명사처럼 작은 단위가 쓰이기 때문에 이런 경우 파악하지 못하는 경우도 있을 수 있죠. 명사의 역할을 하는 것은 명사뿐 아니라 명사구, 명사절 모두 가능하며, 자주 쓰이므로 익숙해지는 것이 좋습니다.

-----------------------------

15

A mite of a little woman with blood thinned by California zephyrs was hardly fair game for the red-fisted, short-breathed old duffer.

캘리포니아의 부드러운 바람으로 갸냘퍼진 조그만 어린 처녀는, 도저히 피 묻은 주먹을 쥐고, 거친 숨을 몰아쉬는 늙은 협잡꾼의 정당한 사냥감이 될 수는 없었다.

주어[A mite of a little woman] + 수식어구[with blood thinned by California zephyrs] + 동사[was] + 부사[hardly] + 보어[fair game] + 전치사구[for the red-fisted, short-breathed old duffer]

-수식어구

전치사[of] + 전치사의 목적어[a little woman] + 전치사[with] + 전치사의 목적어[blood] + blood를 수식하는 분사구[thinned by California zephyrs]

주어 수식어구가 꽤 깁니다. 수식어구를 지우고 보면 [주어]+ [동사]의 구조가 잘 보입니다.

------------------------------

16

She lay, scarcely moving, on her painted iron bedstead, looking through the small Dutch window-panes at the blank side of the next brick house.

그녀는 페인트칠을 한 철제 침대에 누워 거의 움직이지 못한 채, 조그만 네덜란드풍의 창문을 통해 옆에 있는 벽돌집의 텅 빈 벽을 바라보고 있었다.

등위접속사[and] + 주어[she] + 동사[lay] + 부사[scarcely] + 동시상황 분사구문1[moving on her painted iron bedstead] + 동시상황 분사구문2[looking through the small Dutch window-panes at the blank side of the next brick house]

-동시상황 분사구문2
현재분사구[looking through] + 목적어[the small Dutch window-panes] + 장소부사구[at the blank side of the next brick house]

lay scarcely moving에서 moving은 lay에 걸리는 현재분사로 상태 또는 동시상황을 나타냅니다. 여기서 lay는 lie의 과거형으로, '눕다'라는 의미의 완전자동사입니다. 뒤에 보어나 목적어 없이 완전한 구조를 이루는 동사이죠. 따라서 moving은 보충 설명 정도를 해주는 현재분사입니다. 이런

분사구문이 하나 더 있습니다. looking through ~입니다. 그런데 원래는 and로 연결해야 하지만 구어체라서 그냥 덧붙여 말하는 식으로 썼습니다.

---------------------------

17

One morning the busy doctor invited Sue into the hallway with a shaggy, gray eyebrow.

어느 날 아침, 바쁜 의사가 텁수룩한 털이 반백인 눈썹을 움직여서 복도로 수를 불렀다.

시간부사구[One morning] + 주어[the busy doctor] + 동사[invited] + 목적어[Sue] + 장소부사구[into the hallway] + 수식어구[with a shaggy, gray eyebrow]

외모를 덧붙여 설명하는 수식어구 with a shaggy, gray eyebrow가 뒤에 붙어 주어와의 거리가 멉니다. 그러나 이 수식어구가 의사에 대한 묘사임을 눈치 채면 이 문장에서는 doctor이죠.

-----------------------------

18

"She has one chance in—let us say, ten," he said, as he shook down the mercury in his clinical thermometer.

"저 아가씨가 살 수 있는 희망은, 음, 열에 하나에요." 그는 의료용 체온계를 흔들어 내리면서 말했다.

인용구["She has one chance in—let us say, ten,"] + 주어[he] + 동사[said] + 시간부사절[as he shook down the mercury in his clinical thermometer]

-인용구
주어[She] + 동사[has] + 목적어[one chance] + 삽입구[—let us say] + 전치사구[in ten,"]

-시간부사절
시간접속사[as] + 주어[he] + 동사구[shook down] + 목적어[the mercury] + 장소부사구[in his clinical thermometer]

'열에 하나'라는 의미로 one chance in ten이라고 말하는데 중간에 삽입구 let us say를 넣어 말하므로 하나의 구문이 둘로 나눠져 있습니다. in 다음에 삽입구가 들어갔지만 in 앞에 들어가도 상관없어요. 구어에서 그냥 그렇게 말한 것뿐이지 문법 법칙이 있는 건 아니에요.

-----------------------------

19

And that chance is for her to want to live.

그리고 그 가능성도 아가씨가 살고 싶어 해야 하는 거예요.

접속사[And] + 주어[that chance] + 동사[is] + to부정사의 의미상주어[for her] + 보어 역할 to부정사구[to want to live]

주어 that chance에서 that은 '저~'라는 의미의 형용대명사입니다. 2형식 동사 is가 왔으니 보어가 와야 합니다. 그 기회라는 것은 살기를 원하는 것이라는 의미입니다. 그래서 to부정사로 의미를 만들어 붙였습니다. 그런데 '누가' 살려고 해야 하는 건지 확실히 해야 하죠. 주체를 for her로 표현했습니다. to부정사의 의미상의 주어는 'for+목적격 대명사'로 나타냅니다.

-----------------------------

20

This way people have of lining-u on the side of the undertaker makes the entire pharmacopoeia look silly.

지금처럼 사람들이 장의사한테 달려갈 분위기면 처방이고 뭐고 다 바보 같은 짓이에요.

주어[This way] + 수식어구[people have of lining-u on the side of the undertaker] + 동사[makes] + 목적어[the entire pharmacopoeia] + 목적격보어[look silly]

-수식어구

주어[people] + 동사[have of] + 목적어[lining-u] + 부사구[on the side of the undertaker]

큰 틀을 보면 '이런 방식이 모든 처방을 바보같은 짓으로 만든다.'라는 의미입니다. 여기에 '이런 방식' This way를 수식하는 절이 people have ~ the undertaker입니다. 그 다음에 makes라는 동사는 수식어절을 뛰어넘어 This way를 주어로 하는 동사입니다. This way make the entire pharmacopoeia look silly는 [주어] + [동사] + [목적어] + [목적격보어]의 5형식 구조입니다.

-----------------------------

21

Your little lady has made up her mind that she's not going to get well.

당신의 저 아가씨는 회복되지 않는다고 마음먹고 있어요. 무언가 마음에 걸린 일이라도 있나요?

주어[Your little lady] + 동사[has made up] + 목적어[her mind] + mind의 동격절[that she's not going to get well]

-mind의 동격절
동격절접속사[that] + 주어[she] + 동사구['s not going to get] + 부사[well]

-----------------------------

22

"She—she wanted to paint the Bay of Naples some day."

"그녀는... 언젠가 나폴리만을 그리고 싶어 했어요."

주어[She—she] + 동사[wanted] + 목적어[to paint] + paint의 목적어[the Bay of Naples] + 시간부사구[some day]

-----------------------------

23

Has she anything on her mind worth thinking twice—a man for instance?

무언가 마음에 걸릴 만한 가치가 있는 것은 없나요? 예를 들면 남자 말이에요.

의문문동사[Has] + 주어[she] + 목적어[anything] + 장소부사구[on her mind] + anyghing의 수식어구[worth thinking twice] + 추가설명어구[—a man for instance] ?

의문문은 조동사가 문두에 나오는 것을 잘 아실 거예요. 그 다음에 주어가 나오고 본동사가 동사원형이으로 나오죠. 이 문장에서는 has 동사가 그냥 문두로 나갔습니다.
추가 설명을 덧붙이는 손쉬운 방법으로 - 내용 - 로 처리하는 경우가 많죠.

-----------------------------

24
"A man?" said Sue, with a jew's-harp twang in her voice.

"남자요?" 수는 터무니 없는 소리라는 투로 말했다.

질문에 대한 답변["A man?"] + 주절동사주어[said Sue] + 수식어구[with a jew's-harp twang in her voice]

전치사 with는 동시상황을 설명하는 역할로 많이 씁니다. '~를 가지고, ~한 채로, ~하면서, ~하면(조건)' 등으로 해석할 수 있습니다.

-----------------------------

25
"Is a man worth—but, no, doctor; there is nothing of the kind."

"남자가 있다면 그럴 수도... 하지만 아니에요, 선생님. 그런 건 없어요."

의문문동사[Is] + 주어[a man] + man의 수식어[worth] + 등위접속사[—but] + 삽입구[no doctor] + 도치구문 [there is nothing of the kind]

-도치구문
유사부사[there] + 동사[is] + 주어[nothing of the kind]

there is/are 구문은 '~가 있다'라는 의미로, 뒤에 오는 명사가 주어라고 보면 됩니다. 부사인 there이 문장 앞으로 나간 도치구문입니다.

------------------------------

26
I will do all that science, so far as it may filter through my efforts, can accomplish.

힘이 미치는 한, 의술을 다 동원해보도록 할게요.

주어[I will do] + 목적어[all] + 수식어절[that science so far as it may filter through my efforts can accomplish]

-수식어절
관계대명사[that] + 주어[science] + 삽입절[so far as it may filter through my efforts] + 동사구[can accomplish]

-삽입절

접속사[so far as] + 주어[it] + 동사구[may filter through] + 목적어[my efforts]

-----------------------------

27

But whenever my patient begins to count the carriages in her funeral procession I subtract 50 per cent from the curative power of medicines.

하지만, 환자가 자기 장례식 행렬의 수를 세기 시작하면 약의 효과도 반이 줄어요.

접속사[But} + 시간부사절[whenever my patient begins to count the carriages in her funeral procession] + 주절[I subtract 50 per cent from the curative power of medicines]

-시간부사절

접속사[whenever] + 주어[my patient] + 동사[begins] + 목적어[to count] + count의 목적어[the carriages in her funeral procession]

-주절

주어[I] + 동사[subtract] + 목적어[50 per cent] + 부사구[from the curative power of medicines]

------------------------------

28

If you will get her to ask one question about the new winter styles in cloak sleeves I will promise you a one-in-five chance for her, instead of one in ten.

당신이 잘 구슬려서 새로운 겨울 외투 소매 스타일에 대해서라도 질문하게 한다면 가능성이 열에 하나가 아니라 다섯에 하나가 된다고 약속하죠.

가정법 조건절[If you will get her to ask one question about the new winter styles in cloak sleeves] + 가정법 주절[I will promise you a one-in-five chance for her, instead of one in ten.]

-가정법 조건절

조건절 접속사[If] + 주어[you] + 동사구[will get] + 목적어[her] + 목적격보어[to ask one question about the new winter styles in cloak sleeves]

-목적격보어

목적격보어로 쓰인 to부정사[to ask] + ask의 목적어[one question] + question에 대한 내용[about the new winter styles in cloak sleeves]

-가정법주절

주어[I] + 동사구[will promise] + 간접목적어[you] + 직

접목적어[a one-in-five chance for her] + 부사구[ instead of one in ten.]

will promise you a one-in-five chance라는 구문을 보면 '당신에게 다섯에 한번의 가능성을 약속해주겠다'라는 의미가 되는데요. you(~에게)는 문법용어로 간접목적어, a one-in-five chance(~를)는 직접목적어입니다. 동사가 이렇게 간접목적어와 직접목적어를 나란히 쓰면 4형식입니다.

-----------------------------

29

**After the doctor had gone Sue went into the workroom and cried a Japanese napkin to a pulp.**

의사가 돌아간 뒤 수는 작업실로 가 일본풍 냅킨이 곤죽이 될 정도로 울었다.

시간부사절[After the doctor had gone] + 주절[Sue went into the workroom and cried a Japanese napkin to a pulp]

-시간부사절
시간접속사[After] + 주어[the doctor] + 동사[had gone]

-주절
주어[Sue] + 동사[went] + 부사구[into the workroom] + 등위접속사[and] + 주어 생략 + 동사[cried] + 부사구[a Japanese napkin to a pulp]

------------------------------

30

Then she swaggered into Johnsy's room with her drawing board, whistling ragtime.

그러고는 화판을 들고 휘파람으로 재즈를 불면서 힘차게 존시의 방으로 들어갔다.

부사[Then] + 주어[she] + 동사구[swaggered into] + 목적어[Johnsy's room] + 동시상황구문[with her drawing board, whistling ragtime]

-동시상황구문
전치사[with] + 주체[her] + 현재분사[drawing] + 목적어[board] + and 생략 + 현재분사구[whistling ragtime]

동시에 이루어지는 상황을 나타낼 때 몇 가지 방법이 있습니다. 현재/과거분사를 이용한 표현, 전치사 with를 이용한 구문이 대표적입니다.

---------------------------

31

Johnsy lay, scarcely making a ripple under the bedclothes, with her face toward the window.

존시는 누워 있는 이불 밑에 잔잔한 파장도 없이, 얼굴을 창문으로 돌리고 있었다.

주어[Johnsy] + 동사[lay] + 부사[scarcely] + 현재분사구[making a ripple under the bedclothes] + 전치사구[with her face toward the window]

-현재분사구

현재분사[making] + 목적어[a ripple] + 전치사구[under the bedclothes]

전치사구 with her face toward the window는 with를 이용해 존시의 상태를 나타내는 표현입니다. '얼굴을 창쪽으로 한 채로'라는 의미입니다.

----------------------------

32

Sue stopped whistling, thinking she was asleep.

수는 그녀가 잠들어 있는 줄 알고 휘파람을 멈췄다.

주어[Sue] + 동사[stopped] + 목적어[whistling] + 동시상황 현재분사구[thinking she was asleep]

-동시상황 현재분사구

현재분사[thinking] + 접속사that 삭제 + 주어[she] + 동사[was} + 보어[asleep]

------------------------------

33

She arranged her board and began a pen-and-ink drawing to illustrate a magazine story.

그녀는 화판을 세워놓고 잡지 소설의 삽화를 그리기 시작했다.

주어[She] + 동사[arranged] + 목적어[her board] + 등위접속사[and] + 주어 생략 + 동사[began] + 목적어[a pen-and-ink drawing] + 목적을 나타내는 to부정사구[to illustrate a magazine story]

-목적을 나타내는 to부정사구
to부정사[to illustrate] + 목적어[a magazine story]

to부정사 구문은 명사를 수식하는 형용사 역할로도 많이 쓰고 '~하기'라는 의미의 명사적 용법으로도 많이 씁니다. 또 하나의 쓰임은 부사적 용법으로, 목적을 나타내는 경우입니다. '~하기 위하여'라는 의미를 나타낼 때 to부정사를 사용하면 쉽게 표현할 수 있습니다.

------------------------------

34
Young artists must pave their way to Art by drawing pictures for magazine stories that young authors write to pave their way to Literature.

젊은 화가들은 젊은 작가들이 문학에의 길을 개척해 나가기 위해서 쓰는 잡지의 소설에 쓸 그림을 그리는 방식으로 예술에 대한 길을 개척해 나가야 한다.

주어[Young artists] + 동사[must pave] + 목적어구[their way to Art by drawing pictures for magazine stories] + 수식어절[that young authors write to pave their way to Literature]

------------------------------

35
As Sue was sketching a pair of elegant horseshow riding trousers and a monocle of the figure of the hero, an Idaho cowboy, she heard a low sound, several times repeated.

수가 소설의 주인공인 아이다호 카우보이의 모습에, 품평회에 입고 나갈 우아한 승마바지와 단안경을 그리고 있을 때, 몇 번이나 되풀이되는 낮은 소리를 들었다.

부사절[As Sue was sketching a pair of elegant horseshow riding trousers and a monocle of the figure of the heroan Idaho cowboy,] + 주절[she heard a low sound, several times repeated.

-부사절
접속사[As] + 주어[Sue] + 동사[was sketching] + 목적어[a pair of elegant horseshow riding trousers and a monocle of the figure of the hero, an Idaho cowboy]

-목적어
목적어인 명사1[a pair of elegant horseshow riding trousers] + 등위접속사[and] + 목적어인 명사2[a monocle of the figure of the hero] + hero와 동격명사

[an Idaho cowboy]

-주절
주어[she] + 동사[heard] + 목적어[a low sound] + 분사구문[several times repeated]

마지막 분사구문 several times repeated는 바로 앞의 명사 sound를 수식해주는 구문입니다.

----------------------------

36
She went quickly to the bedside.

그녀는 얼른 침대 옆으로 다가갔다.

주어[She] + 동사[went] + 부사[quickly] + 장소부사구[to the bedside]

----------------------------

37
Johnsy's eyes were open wide.

존시가 눈을 커다랗게 떴다.

주어[Johnsy's eyes] + 동사[were] + 보어[open] + 부사[wide]

-----------------------------

38

She was looking out the window and counting - counting backward.

그녀는 창밖을 바라보며 세고 있었다—거꾸로 수를 세고 있었다.

주어[She] + 동사구[was looking out] + 목적어[the window] + 등위접속사[and] + was 생략후 남은 -ing[counting] + 부가설명[- counting backward]

-----------------------------

39
"Twelve," she said, and little later "eleven"; and then "ten," and "nine"; and then "eight" and "seven", almost together.

"열둘." 하고 세고는 조금 후에 "열 하나.", 그리고 나서 " 열.", "아홉." 그리고 나서, "여덟." 그리고, "일곱."거의 동시에 셌다.

구조를 분석이 필요한 부분은 아닙니다. 실제 말한 내용의 인용구 나열이므로 넘어갑니다.

------------------------------

40
Sue look solicitously out of the window.

수는 궁금해서 창밖을 내다보았다.

주어[Sue] + 동사[look] + 부사[solicitously] + 부사구[out of the window]

look out of는 하나의 덩어리 표현으로 알아두면 좋습니다. 여기서는 부사 solicitously 때문에 분리가 되었습니다. 부사의 위치는 자유로운 편이며 수식해주고자 하는 요소 바로 앞뒤에 오는 경우가 많아 이처럼 덩어리 표현이 분리되는 경우도 생깁니다.

------------------------------

41
What was there to count?

세고 있는 게 뭐가 있는 거지?

의문사/주어[What] + 동사[was] + 유도부사[there] + what 수식어구[to count] ?

이해를 돕기 위해 의문문이 아니라고 보고 평서문으로 만들어 문장 구조를 봅시다. There was what to count.
'숫자를 셀[to count] 무언가[what] 있다'
이런 의미와 성분간의 관계가 성립합니다. '세어볼 무엇'이라는 의미가 되죠. to부정사가 형용사적 용법으로 (의문)대명사인 what을 수식해주고 있습니다.

------------------------------

42
There was only a bare, dreary yard to be seen, and the blank side of the brick house twenty feet away.

살풍경하고 쓸쓸한 안마당과 20피트 떨어진 곳에 벽돌집의 텅빈 벽면이 보일 뿐이었다.

유도부사[There] + 동사[was] + 부사[only] + 주어[a bare, dreary yard to be seen, and the blank side of the brick house twenty feet away]

-주어
주어1[a bare, dreary yard] + 수식어구[to be seen] + 등위접속사[and] + 주어2[the blank side of the brick house] + 부사구[twenty feet away]

---------------------------

43
**An old, old ivy vine, gnarled and decayed at the roots, climbed half way up the brick wall.**

뿌리가 울퉁불퉁하고 옹이진 썩은 늙은 담쟁이덩굴 한 그루가 벽돌담 중간쯤까지 뻗어 올라가 있었다.

주어[An old, old ivy vine, gnarled and decayed at the roots] + 동사[climbed] + 부사구[half way up the brick wall]

-주어
관사[An] + 형용사[old, old] + 명사[ivy vine] + 수식어

구[gnarled and decayed at the roots]

-----------------------------

44
The cold breath of autumn had stricken its leaves from the vine until its skeleton branches clung, almost bare, to the crumbling bricks.

차가운 가을 바람이 잎사귀를 쳐 덩굴에서 떨어지고, 거의 헐벗은 앙상한 가지가 허물어져 가는 벽돌담에 매달려 있었다.

주절주어[The cold breath of autumn] + 주절동사[had stricken] + 부가설명구[its leaves from the vine until its skeleton branches clung, almost bare, to the crumbling bricks]

-부가설명구
주어[its leaves] + 수식어구[from the vine until its skeleton branches] + 동사[clung] + 부사구[almost bare] + clung에 연결된 전명구[to the crumbling bricks]

-----------------------------

45
Three days ago there were almost a hundred.

사흘 전에는 거의 백 장쯤 있었는데.

부사구[Three days ago] + 유도부사[there] + 동사[were] + 주어[almost a hundred]

---------------------------

46
It made my head ache to count them.

세고 있으면 머리가 아플 만큼 있었는데.

가주어[It] + 동사[made] + 목적어[my head] + 목적격보어[ache] + 진주어[to count them]

---------------------------

47
There goes another one.

또 한 잎 떨어진다.

유도부사[There] + 동사[goes] + 주어[another one]

------------------------------

48
There are only five left now."

다섯 잎밖에 안 남았어.

유도부사[There] + 동사[are] + 주어[only five] + 수식어구[left now]

------------------------------

49
When the last one falls I must go, too.

마지막 한 잎이 떨어지면 나도 가는 거야.

부사절[When the last one falls] + 주절[I must go, too]

-부사절
접속사[When] + 주어[the last one] + 동사[falls]

-주절
주어[I] + 동사[must go] + 부사[too]

-----------------------------

50
I've known that for three days.

나는 사흘 전부터 알고 있었어.

주어[I] + 동사['ve known] + 목적어[that] + 시간부사구 [for three days]

-----------------------------

51
“I never heard of such nonsense," complained Sue, with magnificent scorn.

"그런 말도 안 되는 소리는 들은 적이 없어." 수는 몹시 경멸하는 듯이 불평했다.

주어[I] + 부정어[never] + 동사[heard of] + 목적어

[such nonsense] + 인용문에 대한 주체와 동사 [complained Sue], + 수식어구[with magnificent scorn]

complained Sue는 '수가 불평했다'입니다. with magnificent scorn은 '몹시 경멸하는 듯이'라는 의미로 동시 상황, 상태를 설명합니다.

----------------------------

52

What have old ivy leaves to do with your getting well?

늙은 담쟁이 잎사귀와 네 상태가 좋아지는 게 무슨 상관이 있다는 거야?

이 문장의 경우 기계적으로 의문사, 동사, 주어 등으로 분석할 의미가 없습니다. have something to do with라는 숙어가 개별 문장 성분의 역할을 의미 없게 만들어버렸어요. 이 숙어는 '~와 관계가 있다'라는 의미입니다.

----------------------------

53

And you used to love that vine so, you naughty girl.

그리고 넌 저 덩굴을 아주 좋아했잖아. 이 말괄량이야.

접속사[And] + 주어[you] + 동사[used to love] + 목적어[that vine] +부사[so] + 호칭[you naughty girl]

---------------------------

54

Why, the doctor told me this morning that your chances for getting well real soon were—let's see exactly what he said—he said the chances were ten to one!

오늘 아침에 의사 선생님이 네가 곧 완쾌할 가망성은 ...선생님이 정확히 뭐라셨냐면... 하나에 열이라고 그러셨어!

감탄사[Why] + 주어[the doctor] + 동사[told] + 간접목적어[me] + 부사구[this morning] + 직접목적어절[that your chances for getting well real soon were—let's see exactly what he said—he said the chances were ten to one]

-직접목적어절

명사절접속사[that] + 주어[your chances for getting well real soon] + 동사[were] + 삽인절1[—let's see exactly what he said—] + 삽입절2[he said] + that 생략 said의 목적어절[the chances were ten to one]

-삽입절2

주어[he] + 동사[said] + 목적어절의 주어[the chances] + 목적어절의 동사[were] + 목적어절의 보어[ten to one]

이 문장은 실제로 말을 하면서 즉흥적으로 문장을 끊고 다시 새로운 문장을 붙여 말하고 있습니다. 첫 번째 문장 the doctor told me this morning that your chances for getting well real soon were에서 목적어절의 보어인 뒤에 나오는 ten to one을 마저 말하지 않고 삽입절을 붙였습니다 —let's see exactly what he said—까지 '의사 선생님이 정확히 뭐라고 했는지 보자'라고한 후 또 다시 완전한 문장으로 하고 싶은 말을 다 합니다. he said the chances were ten to one!이라고요. the chances were ten to one을 완성한 것이죠.

---------------------------

55

Why, that's almost as good a chance as we have in New York when we ride on the street cars or walk past a new building.

음, 그건 뉴욕에서 전차를 타고 가거나 신축 건물을 지나갈 때 그럴 가능성 같은 거야.

감탄사[Why] + 주절[that's almost as good a chance] + 부사절[as we have in New York when we ride on the street cars or walk past a new building]

-주절
주어[that] + 동사['s] + 부사[almost] + 보어[as good a chance]

-부사절
접속사[as] + 주어[we] + 동사[have] + 목적어 a chance 생략 + 장소부사구[in New York] + 시간부사절 [when we ride on the street cars or walk past a new building]

-시간부사절
시간접속사[when] + 주어[we] + 동사구2[ride on] + 목적어[the street cars] + 등위접속사[or] + 동사구2[walk past] + 목적어[a new building]

as good a chance as 구문을 알아야 합니다. as ~ as 구문은 흔히 동등비교라고 하는데요. '~만큼 ...한'이라는 의미입니다. 여기서는 a chance를 비교하는데, 두 번째 as 다음에 절이 와서 어떤 chance인지를 설명합니다. '뉴욕에서 가질 수 있는 가능성'이라는 뜻입니다. 그런데 그 상황을 더 자세히 설명하는 시간부사절이 한 번 더 나옵니다. when we ride on the street cars or walk past a new building는 '전철을 타거나 신축 건물을 지나갈 때' 뉴욕에서 가질 수 있는 기회라는 거죠. as 절에서는 a chance가 생략되어 있습니다.

----------------------------

56
Try to take some broth now, and let Sudie go back to her drawing, so she can sell the editor man with it, and buy port wine for her sick child, and pork chops for her greedy self.

자, 국물 좀 마셔. 그리고 수디는 다시 그림을 그리게 해줘. 그래서 그걸 잡지사 편집자에게 팔면 울 아픈 아가에겐 포도주를 사주고 먹성 좋은 나를 위해서 돼지고기를 살 수가 있다고.

절1[Try to take some broth now, and let Sudie go back to her drawing] + 절2[so she can sell the editor man with it, and buy port wine for her sick child, and pork chops for her greedy self]

-절1
명령문동사구[Try to take] + take의 목적어[some broth now] + 등위접속사[and] + to에 연결된 동사[let] + 목적어[Sudie] + 목적격보어[go] + 부사구[back to her drawing]

-절2
등위접속사[so] + 주어[she] + 동사[can sell] + 목적어[the editor man] + 수식어구[with it] + 등위접속사[and] + 동사[buy] + 목적어[port wine] + 부사구[for

her sick child] + 등위접속사[and] + 목적어[pork chops for her greedy self]

---------------------------

57

**"You needn't get any more wine," said Johnsy, keeping her eyes fixed out the window.**

"포도주는 더 이상 살 필요 없어." 존시가 눈을 계속 창밖에 고정시키고서 말했다.

인용절[You needn't get any more wine] + 주절[said Johnsy keeping her eyes fixed out the window]

-인용절
주어[You] + 동사[needn't get] + 목적어[any more wine]

-주절
동사주어[said Johnsy] + 현재분사구[keeping her eyes fixed out the window]

---------------------------

58
I want to see the last one fall before it gets dark.

어둡기 전에 마지막 잎이 떨어지는 걸 보고 싶어.

주어[I] + 동사[want] + 목적어구[to see the last one fall] + 부사절[before it gets dark]

-목적어구
to부정사[to see] + see의 목적어[the last one] + 목적격보어[fall]

-부사절
시간접속사[before] + 주어[it] + 동사[gets] + 보어[dark]

------------------------------

59
Will you promise me to keep your eyes closed, and not look out the window until I am done working?

내가 일을 다 끝낼 때까지 눈을 감고 창밖을 보지 않겠다고 약속해줄래?

의문문조동사[will] + 주어[you] + 동사원형1[promise] +

간접목적어[me] + 직접목적어[to keep your eyes closed] + 등위접속사[and] + 동사원형구2[not look out] + 목적어[the window] + 시간부사절[until I am done working] ?

- 시간부사절
부사절접속사[until] + 주어[I] + 동사[am done working]

-----------------------------

60
I must hand those drawings in by to-morrow.

이 그림을 내일까지 넘겨줘야 해.

주어[I] + 동사[must hand] + 목적어[those drawings] + 동사 hand에 연결되는 전치사[in] + 시간부사어구[by to-morrow]

동사가 전치사나 부사와 하나의 표현으로 사용되는 경우를 구동사라고 부릅니다. 앞서 동사구라고 명시한 것들이 대부분 그런 경우입니다. 여기서는 hand in이라는 표현이 사용되었는데 목적어가 두 단어 사이에 들어가면서 hand와 in의 거리가 벌어졌습니다. 이런 표현은 한 덩어리로 알아두어야 합니다.

-----------------------------

61
I need the light, or I would draw the shade down.

빛이 있어야 하는데, 그렇지만 않았으면 커튼을 내리고 싶은데.

주어[I] + 동사[need] + 목적어[the light] + 등위접속사 [or] + 주어[I] + 동사[would draw] + 목적어[the shade down]

-----------------------------

62
"Couldn't you draw in the other room?" asked Johnsy, coldly.

"다른 방에서 그릴 수 없어?"하고 존시가 차갑게 물었다.

의문문 조동사[Couldn't] + 주어[you] + 동사원형[draw] + 부사구[in the other room] ?

-----------------------------

63
"Beside, I don't want you to keep looking at those silly ivy leaves."

“게다가 네가 계속해서 바보같은 담쟁이 잎사귀를 쳐다보고 있는 게 싫어다고."

부사[Beside] + 주어[I] + 동사구[don't want] + 목적어[you] + 목적격보어[to keep looking at those silly ivy leaves]

want 동사 다음에 목적어 없이 to부정사가 오면 주어가 to부정사를 하기를 원한다는 겁니다. want 다음에 목적어가 나오고 그 다음 to부정사가 오면 주어가 원하기를, 목적어가 to부정사 행위를 했으면 한다는 뜻이 됩니다.

-----------------------------

64
"Tell me as soon as you have finished,"

"다 그리면 말해줘."

명령문동사[Tell] + 목적어[me] + 부사절접속사[as soon as] + 주어[you] + 동사[have finished]

-------------------------------

65
said Johnsy, closing her eyes, and lying white and still as fallen statue,

존시는 눈을 감고 쓰러진 조각처럼 창백하고 가만히 누운 채 말했다.

동사[said] + 주어[Johnsy] + 동시상황 현재분사구 [closing her eyes and lying white] + 등위접속사[and] + 동시상태[still as fallen statue]

-------------------------------

66
Because I want to see the last one fall.

마지막 잎이 떨어지는 걸 보고 싶거든.

이유접속사[because] + 주어[I] + 동사[want] + 목적어 구문[to see the last one fall]

동사 want는 to부정사를 목적어로 취하는 동사로 유명하죠. 시험에도 자주 나옵니다. 목적어로 쓰인 to부정사 구문을 분석하면 see 동사의 목적어가 the last one이고 see의 목적격보어로 fall이 왔습니다. '마지막 잎새가 떨어지는 것'을 본다는 것이죠. 목적격보어는 목적어를 설명해주는 역할을 합니다.

-----------------------------

67
I'm tired of thinking.

난 생각하는 데 지쳤어.

주어[I] + 동사['m] + 보어[tired of thinking]

-----------------------------

68
I want to turn loose my hold on everything, and go sailing down, down, just like one of those poor, tired leaves.

모든 것에 대한 집착을 버리고 저 불쌍하고 지친 나뭇잎처럼 아래로 떨어져 버리고 싶어.

주어[I] + 동사1[want] + 목적어[to turn loose] + 목적어[my hold on everything] + 등위접속사[and] + 동사구2[go sailing down, down] + 수식어구[just like one of those poor, tired leaves]

두 개의 동사가 접속사 and로 연결되어 있습니다. 주어가 같은 경우 두 번째 동사의 주어는 생략됩니다.

-----------------------------

69

I must call Behrman up to be my model for the old hermit miner.

난 베어먼 할아버지를 모델로 불러다가 은둔한 늙은 광부가 되어 달라고 해야겠어.

주어[I] + 동사[must call] + 목적어[Behrman] + 부사[up] + 목적을 나타내는 to부정사구[to be my model for the old hermit miner]

-----------------------------

70

I'll not be gone a minute.

곧 올게.

주어[I] + 동사['ll not be gone] + 부사구[a minute]

------------------------------

71

Don't try to move 'til I come back.

내가 돌아올 때까지 움직이지 마.

부정명령문동사[Don't try to move] + 부사절['til I come back]

-부사절
부사절접속사['til] + 주어[I] + 동사구[come back]

------------------------------

72
Old Behrman was a painter who lived on the ground floor beneath them.

베어먼 노인은 그들의 아래층인 1층에 살고 있는 화가였다.

주어[Old Behrman] + 동사[was] + 보어[a painter] + 형용사절[who lived on the ground floor beneath them]

-형용사절
주격관계대명사[who] + 동사[live on] + 장소부사구[the ground floor beneath them]

------------------------------

73
He was past sixty and had a Michael Angelo's Moses beard curling down from the head of a satyr along with the body of an imp.

나이는 60이 넘었고, 미켈란젤로가 그린 모세의 수염 같은 구레나룻이 도깨비 몸을 한 사티로스 같은 머리에서 곱슬곱슬 흘러내렸다.

주어[He] + 동사1[was] + 보어[past sixty] + 등위접속사[and] + 동사2[had] + 목적어[a Michael Angelo's

Moses beard] + 수식어구[curling down] + 위치부사구 [from the head of a satyr] + 상태부사구[along with the body of an imp]

---------------------------------

74

Behrman was a failure in art.

베어먼은 예술에 있어 실패자였다.

주어[Behrman] + 동사[was] + 보어[a failure] + 부사구 [in art]

---------------------------------

75

Forty years he had wielded the brush without getting near enough to touch the hem of his Mistress's robe.

40년이나 붓을 잡아왔지만 예술의 여신이 입은 옷단에 닿을 근처도 가보지 못했다.

시간부사구[Forty years] + 주어[he] + 동사[had wielded] + 목적어[the brush] + 동시상황 분사구 [without getting near enough to touch the hem of his

Mistress's robe]

동시상황 구문
without 하나만 놓고 의미나 쓰임을 파악할 수 없습니다. 여기서는 좀 길게 봐야 합니다. without getting near enough to touch the hem of his Mistress's robe에서 without은 '~없이, ~하지 않은 채'라는 동시상황을 나타냅니다. 앞의 동사 wielded와 같이 일어나는 동작 또는 상태입니다.
get near는 '가까이 닿다'라는 의미이죠. without getting near는 '가까이 닿지 못한 채'가 됩니다. 뒤에 enough to부정사는 '~할 정도로 충분히'라는 의미이므로, '~에 닿을 정도로 충분히 가까이 가보지도 못한 채'가 됩니다. 파악해야 할 의미 구문이 여럿 있을 때에도 차근차근 따져보면 됩니다.

------------------------------

76
He had been always about to paint a masterpiece, but had never yet begun it.

그는 항상 걸작을 그린다고 하지만 아직 시작해본 적이 없었다.

주어[He] + 동사[had been about to paint] + 목적어[a masterpiece] + 등위접속사[but] + 주어 생략 + 동사[had never yet begun] + 목적어[it]

be about to부정사 숙어를 알아야 문장 의미와 구조에 대한 이해하기가 쉽습니다.

------------------------------

77
For several years he had painted nothing except now and then a daub in the line of commerce or advertising.

몇 년 동안 이따금 상업용이나 광고용의 서투른 그림을 그린 것 이외에는 아무것도 그리지 못했다.

부사구[For several years] + 주어[he] + 동사[had painted] + 목적어[nothing] + 전치사구[except] + 삽입

부사구[now and then] + except의 목적어구[a daub in the line of commerce or advertising]

except도 전치사입니다. 익숙하지 않을 수도 있지만 '~를 제외하고'라는 의미로, 토익 등 시험에는 자주 출제되는 전치사죠. 뒤에 a daub라는 명사가 왔습니다. now and then은 '이따금'이라는 의미로 '전치사+명사' 사이에 끼어든 요소입니다.

------------------------------

78

**He earned a little by serving as a model to those young artists in the colony who could not pay the price of a professional.**

그는 전문 모델을 부를 돈이 없는 이 마을 젊은 화가들에게 모델이 되어 주고 조금씩 받은 돈으로 살고 있었다.

주어[He] + 동사[earned] + 목적어[a little] + 부사구[by serving as a model to those young artists in the colony who could not pay the price of a professional]

-부사구
전치사[by] + 동명사[serving] + 동명사의 목적어[as a

model] + 동명사의 목적어[to those young artists] + 장소부사구[in the colony] + artists 수식절[who could not pay the price of a professional]

-artists 수식절
주격관계대명사[who] + 동사구[could not pay] + 목적어 [the price of a professional]

------------------------------

79
He drank gin to excess, and still talked of his coming masterpiece.

진을 지나치게 많이 마시고는 여전히 곧 그릴 걸작에 대해 얘기했다.

주어[He] + 동사[drank] + 목적어[gin] + 부사구[to excess] + 등위접속사[and] + 주어 생략 + 동사구[still talked of] + 목적어[his coming masterpiece]

------------------------------

80
Sue found Behrman smelling strongly of juniper berries in his dimly lighted den below.

수는 베어먼이 아래층의 어두침침한 골방에서 노간주나무 열매의 냄새를 강하게 풍기며 앉아 있는 것을 발견했다.

주어[Sue] + 동사[found] + 목적어[Behrman] + 목적격 보어[smelling strongly of juniper berries] + 위치부사구 [in his dimly lighted den below]

---------------------

81
On one corner was a blank canvas on an easel that had been waiting there for twenty-five years to receive the first line of the masterpiece.

한쪽 구석에는 걸작의 첫 획이 그려지기를 25년이나 기다려 온 빈 캔버스가 이젤 위에 놓여 있었다.

부사구[On one corner] + 동사[was] + 주어[a blank canvas on an easel] + 주어수식절[that had been waiting there for twenty-five years to receive the first line of the masterpiece]

-주어수식절
주격관계대명사[that] + 동사구[had been waiting] + 부사[there] + 기간부사[for twenty-five years] + 목적을 나타내는 to부정사[to receive the first line of the masterpiece]

마지막에서 목적을 나타내는 to부정사구도 부사절입니다. 문장 구조가 복잡합니다. 의미 단락으로 크게 나누어볼 필요가 있습니다. On one corner was a blank canvas on an easel / 한쪽 구석에는 이젤 위에 캔버스가 놓여 있었다.
that had been waiting there for twenty-five years / 25년이나 기다려온 빈 캔버스가
to receive the first line of the masterpiece.
걸작의 첫 획이 그려지기를

-----------------------------

82

She told him of Johnsy's fancy, and how she feared she would, indeed, light and fragile as a leaf herself, float away, when her slight hold upon the world grew weaker.

그녀는 베어먼에게 존시의 망상에 대해 이야기하고는, 존시는 정말 나뭇잎처럼 가볍고 허약해서, 이 세상에 대한 존시의 실낱같은 희망이 더 약해지면 둥둥 떠날라가 버리는 건 아닌지 너무 두렵다고 말했다.

주어[She] + 동사[told] + 간접목적어[him] + 직접목적어1[of Johnsy's fancy] + 등위접속사[and] + 직접목적어2[how she feared she would, indeed, light and fragile as a leaf herself, float away, when her slight hold upon the world grew weaker]

-직접목적어2
접속사[how] + 주어[she] + 동사[feared] + that생략 feard 목적어절[she would, indeed, light and fragile as a leaf herself, float away, when her slight hold upon the world grew weaker]

-that생략feared 목적어절
주어[she] + 조동사[would] + 삽입구[indeed, light and fragile as a leaf herself] + 동사원형[float away] + 부

사절접속사[when] + 주어[her slight hold upon the world] + 동사[grew weaker]

이 문장은 전체적으로 She told him에 걸리는 직접목적어 2개로 구분할 수 있는데, 두 번째 목적어가 깁니다. how라는 접속사로 시작하는데다가 그 절 안에 또 두 개의 절이 더 나옵니다. fear(두려워하다)의 목적어인 that이 생략된 절이 하나이고, 또 '~할 때, ~하면'의 의미로 쓰인 시간 부사절 when절이 두 번째 절입니다. 마지막 주어 her slight hold upon the world에서 명사로 쓰인 hold가 주어이고, slight은 '약한'이라는 의미의 형용사로 명사를 수식합니다. upon the world도 '세상에 대한'이라는 의미로 hold의 수식어구입니다.

----------------------------

83

Old Behrman, with his red eyes plainly streaming, shouted his contempt and derision for such idiotic imaginings.

베어먼 노인은 핏발이 선 눈에 눈물을 글썽 그리면서 그런 어리석은 망상에 큰 소리로 모멸과 조소를 퍼부었다.

주어[Old Behrman] + 수식어구[with his red eyes plainly streaming] + 동사[shouted] + 목적어[his contempt] + 등위접속사[and] + 목적어[derision for such idiotic imaginings]

주어와 동사 사이에 긴 삽입구가 들어가 거리가 멀어졌습니다. 주어 다음에 콤마로 나누어져 있을 경우 동사가 뒤에 있음을 재빨리 확인해야 합니다.

---------------------------------

84

"Is dere people in de world mit der foolishness to die because leafs dey drop off from a confounded vine?

의문문동사[Is] + 부사[dere] + 주어[people] + 부사구[in de world] + 수식어구[mit der foolishness to die] + 이유부사절[because leafs dey drop off from a confounded vine] ?

소설 속 인물인 베어먼 노인의 영어 바로잡아 봅시다.

Is dere → Is there
in de world mit der foolishness → in the world with their foolishness
leafs dey drop off → leaves dey drop off

------------------------------

85

I haf not heard of such a thing.

그런 말은 들어본 적도 없어.

주어[I] +동사구[haf not heard of] + 목적어[such a thing]

I haf not heard → I have not heard

------------------------------

86
No, I will not bose as a model for your fool hermit-dunderhead.

아니야, 나는 아가씨의 그 쓸데없는 은둔자의 숙맥같은 모델이 되지는 않을 거야.

부정어[No] + 주어[I] + 동사구[will not bose] + 수식어구[as a model for your fool hermit-dunderhead]

your fool hermit-dunderhead → your fool hermit-dunderhead

------------------------------

87
"She is very ill and weak," said Sue, "and the fever has left her mind morbid and full of strange fancies.

"그녀는 몹시 아파서 약해졌어요." 수가 말했다. "그리고 열 때문에 마음까지 병에 걸려서 이상한 망상으로 가득 차 있어요.

주어[She] + 동사[is] + 부사[very] + 보어1[ill] + 등위접속사[and] + 보어2[weak]

-등위접속사[and] + 주어[the fever] + 동사[has left] + 목적어[her mind] + 목적격보어1[morbid] + 등위접속사[and] + 목적격보어2[full of strange fancies]

부사는 지우고 보면 문장 구조가 더 확실히 보입니다. 부사는 문장 구조에 영향을 미치지 않기 때문입니다. 형용사의 경우 '형용사'라고 표시하지 않고 보어 등으로 성분을 쓴 이유는 형용사가 문장 성분으로서 문장 안에서 보어나 목적격보어, 수식어 등의 다른 역할을 하기 때문에 이를 구분해준 것입니다.

등위접속사가 나올 때는 꼭 어떤 요소들이 대등하게 연결되는지를 먼저 확인해야 합니다. 등위접속사 and 다음에 주어와 동사를 포함한 문장이 새로 시작되므로 and가 두 개의 완전한 절을 연결한다는 것을 알 수 있습니다. 이번 문장에서도 목적격보어 morbid와 full이 등위접속사 and로 연결되어 있습니다. full은 full of(~로 가득 차다)라는 형태로 쓰입니다. 뒤에 연결된 어구도 더 잘게 분해할 수도 있으나 여기서는 full of strange fancies를 한 덩어리로 취급했습니다.

------------------------------

88
Very well, Mr. Behrman, if you do not care to pose for me, you needn't.

좋아요, 베어먼 씨, 저를 위해 포즈를 취해주지 않으시겠다면 그러실 필요 없어요.

조건절[if you do not care to pose for me] + 주절[you needn't]

-조건절
조건절접속사[if] + 주어[you] +동사구[do not care to pose for me]

-주절
주어[you] + 동사[needn't]

-----------------------------

89
But I think you are a horrid old - old flibbertigibbet.

하지만 당신은 지독히도 경박한 노인이라고 생각할 거예요.

등위접속사[But] + 주어[I] + 동사[think] + 목적어절 [you are a horrid old - old flibbertigibbet]

-목적어절
주어[you] + 동사[are] + 보어[a horrid old - old flibbertigibbet]

------------------------------

90
"You are just like a woman!" yelled Behrman.

"너도 할 수없이 여자구나!" 베어만 노인이 소리쳤다.

주어[You] + 동사[are] + 보어[just like a woman]

------------------------------

91

For half an hour I haf peen trying to say dot I am ready to bose.

30분 전부터 나는 언제라도 포즈를 취할 준비가 됐다고 말하려 했었다고.

시간부사구[For half an hour] + 주어[I] + 동사[haf peen trying] + 목적어[to say] + say의 목적어절[dot I am ready to bose]

-say의 목적어절
명사절접속사[dot] + 주어[I] + 동사[am] + 보어[ready to bose]

여기도 역시 외국인의 발음을 흉내내어 철자를 변형했습니다. dot은 that입니다. 명사절 접속사 자리이죠.

------------------------------

92

**Gott! dis is not any blace in which one so goot as Miss Yohnsy shall lie sick.**

→ this is not any place in which one so good as Miss Johnsy shall lie sick.

참! 이곳은 존시 같은 착한 아가씨가 아파 누워 있을 데가 아냐.

감탄사[Gott!] + 주어[dis] + 동사[is not] + 보어[any blace] + 수식어절[in which one so goot as Miss Yohnsy shall lie sick]

-수식어절
전치사[in] + 관계대명사[which one] + 동사 생략 + 보어[so goot] + 부사절[as Miss Yohnsy shall lie sick]

------------------------------

93

**Some day I vill baint a masterpiece, and ve shall all go away.**

→ Some day I will paint a masterpiece, and we shall all go away.

언젠가 나는 걸작을 그릴 거야. 그러면 우리 모두 다른 데로 가자고.

부사구[Some day] + 주어[I] + 동사구[vill baint] + 목적어[a masterpiece] + 등위접속사[and] + 주어[ve] + 동사구[shall all go away]

-----------------------------

94
Johnsy was sleeping when they went upstairs.

그들이 위층에 올라갔을 때 존시는 잠이 들었다.

주어[Johnsy] + 동사[was sleeping] + 부사절접속사[when] + 주어[they] + 동사[went] + 부사[upstairs]

-----------------------------

95
Sue pulled the shade down to the window-sill, and motioned Behrman into the other room.

수는 커튼을 창턱까지 내리고, 손짓으로 베어먼에게 옆방으로 가자는 신호를 보냈다.

주어[Sue] + 동사[pulled] + 목적어[the shade] + 부사구[down to the window-sill] + 등위접속사[and] + 주어생략 동사[motioned] + 목적어[Behrman] + 부사구[into the other room]

-----------------------------

96
In there they peered out the window fearfully at the ivy vine.

그들은 방에 들어가 창밖으로 담쟁이덩굴을 걱정스럽게 내다보았다.

부사구[In there] + 주어[they] + 동사구[peered out] + 목적어[the window] + 부사[fearfully] + peered out에 연결되는 전명구[at the ivy vine]

-----------------------------

97
Then they looked at each other for a moment without speaking.

그리고 잠시 말없이 서로 쳐다보았다.

부사[Then] + 주어[they] + 동사[looked at] + 목적어[each other] + 시간부사구[for a moment] + 부대상황분사구[without speaking]

----------------------------

98
A persistent, cold rain was falling, mingled with snow.

쉴 새 없이 차가운 비가 내려 눈으로 섞이고 있었다.

주어[A persistent, cold rain] + 동사[was falling] + 동시상황분사구[mingled with snow]

----------------------------

99
Behrman, in his old blue shirt, took his seat as the hermit miner on an upturned kettle for a rock.

낡은 푸른 옷을 입은 베어먼은 은둔한 광부의 자세로 바위 대신 엎어놓은 냄비 위에 앉았다.

주어[Behrman] + 삽입구[in his old blue shirt] + 동사[took] + 목적어[his seat] + 부사구[as the hermit miner] + 위치부사구[on an upturned kettle for a rock]

------------------------------

100

When Sue awoke from an hour's sleep the next morning she found Johnsy with dull, wide-open eyes staring at the drawn green shade.

수가 한 시간쯤 자고 이튿날 아침 눈을 떴을 때, 존시가 흐릿한 눈을 크게 뜨고 내려진 녹색 커튼을 바라보고 있는 모습을 보았다.

시간부사절[When Sue awoke from an hour's sleep the next morning] + 주절[she found Johnsy with dull, wide-open eyes staring at the drawn green shade]

-시간부사절

시간접속사[When] + 주어[Sue] + 동사[awoke] + 장소부사구[from an hour's sleep] + 시간부사구[the next morning]

-주절

주어[she] + 동사[found] + 목적어[Johnsy] + 수식어구[with dull, wide-open eyes] + 목적격보어[staring at the drawn green shade]

------------------------------

101
"Pull it up; I want to see," she ordered, in a whisper. Wearily Sue obeyed.

"열어줘, 보고 싶어." 그녀는 속삭이는 소리로 명령했다. 수는 마지못해 하라는 대로 했다.

"Pull it up;
명령문동사[Pull] + 복적어[it] + 부사[up]

I want to see," she ordered, in a whisper.
주어[I] + 동사[want] + 목적어[to see]

부사[Wearily] + 주어[Sue] + 동사[obeyed]

------------------------------

102

But, lo! after the beating rain and fierce gusts of wind that had endured through the livelong night, there yet stood out against the brick wall one ivy leaf.

그런데 하! 긴 밤 내내 지속된 비가 후려치고 사나운 바람이 휘몰아쳤는데도 아직도 벽에 담쟁이 잎사귀 한 장이 남아 있었다.

시간부사구[after the beating rain and fierce gusts of wind] + 수식어절[that had endured through the livelong night] + 주절[there yet stood out against the brick wall one ivy leaf]

-시간부사구

시간전치사[after] + 관사[the] + 형용사[beating] + 명사[rain] + 등위접속사[and] + 형용사[fierce] + 명사구[gusts of wind]

시간전치사 after 다음에는 전치사의 목적어 명사를 확인하면 빠른데요. 이 명사가 and로 연결되어 있는데다가 수식어들이 많이 붙었습니다. 핵심은 '비 rain'과 '바람 wind'입니다.

-수식어절

주격관계대명사[that] + 동사구[had endured through] +

목적어[the livelong night]

-주절
부사구[there yet] + 동사구[stood out] + 장소부사구 [against the brick wall] + 주어[one ivy leaf]

이 문장은 부사가 앞에 나오고 주어가 동사 뒤로 보내진 도치 구문입니다. 가장 중요한 주어가 동사 다음, 심지어 against the brick wall이라는 부사구 다음, 문장의 맨 뒤에 나옵니다. 내용상으로도 가장 중요한 주인공이니 가장 나중에 등장시켜 긴장을 고조시키고자 하려는 의도가 다분합니다.

-----------------------------

103
It was the last one on the vine.

그것은 담쟁이덩굴의 마지막 잎새였다.

주어[It] + 동사[was] + 보어[the last one] + 장소부사구[on the vine]

-----------------------------

104

Still dark green near its stem, with its serrated edges tinted with the yellow of dissolution and decay, it hung bravely from the branch some twenty feet above the ground.

아직도 그 잎자루 근처는 진한 초록빛이었지만, 톱니모양의 가장자리에는 노란 소멸과 조락의 빛을 띠고 땅 위로 20피트쯤 떨어진 가지에 대견스럽게 매달려 있었다.

수식어구[Still dark green near its stem, with its serrated edges tinted with the yellow of dissolution and decay] + 주절[it hung bravely from the branch some twenty feet above the ground]

-수식어구 *의미적 접근을 참고하세요.
[Still dark green near its stem, with its serrated edges tinted with the yellow of dissolution and decay]

-주절
주어[it] + 동사[hung] + 부사[bravely] + 장소부사구[from the branch] + 부사구[some twenty feet above the ground]

-------------------------

105

I thought it would surely fall during the night.

분명히 밤에 떨어질 거라고 생각했어.

주어[I] + 동사[thought] + 목적어절[it would surely fall during the night]

-목적어절
주어[it] + 동사[would surely fall] + 시간부사구[during the night]

-----------------------------

106

It will fall to-day, and I shall die at the same time."

오늘은 떨어질 거야. 그러면 나도 동시에 죽는 거야.

주어[It] + 동사[will fall] + 부사[to-day] + 등위접속사[and] + 주어[I] + 동사[shall die] + 시간부사구[at the same time]

-----------------------------

107

"Dear, dear!" said Sue, leaning her worn face down to the pillow, "think of me, if you won't think of yourself.

"얘, 얘!" 수는 지친 얼굴을 베개에 묻으면서 말했다. "네 자신을 생각하고 싶지 않으면 내 생각을 좀 해줘.

인용구["Dear, dear!"] + 동사[said] + 주어[Sue] + 동시상황현재분사구[leaning her worn face down to the pillow] + 인용절["think of me, if you won't think of yourself]

- 동시상황현재분사구

현재분사[leaning] + 목적어[her worn face] + 상태부사구[down to the pillow]

-인용절

주절의 명령문동사[think of] + 목적어[me] + 조건절접속사[if] + 주어[you] + 동사구[won't think of] + 목적어[yourself]

주절 think of ~와 조건의 부사절 if절로 이루어진 인용절을 살펴봅시다. '~라면, ~해줘'라는 의미입니다. 특이한 것은 주절이 일반적인 [주어+동사]의 구조가 아니라 동사로 시작하는 명령문이라는 것입니다.

------------------------------

108

The lonesomest thing in all the world is a soul when it is making ready to go on its mysterious, far journey.

이 세상에서 가장 고독한 것은 신비롭고 먼 여행을 떠날 준비를 하는 영혼이다.

주절[The lonesomest thing in all the world is a soul] + 시간부사절[when it is making ready to go on its mysterious, far journey]

-주절

주어[The lonesomest thing] + 부사구[in all the world] + 동사[is] + 보어[a soul]

-시간부사절

시간접속사[when] + 주어[it] + 동사[is making] + 보어[ready to go on its mysterious, far journey]

보어 덩어리를 살펴보면, 형용사 ready의 관용표현 ready to부정사를 볼 수 있다. go on이라는 숙어는 '계속하다, 진행하다'라는 의미이다. go on의 목적어로 쓰인 것이 its mysterious, far journey이다. 이 목적어의 핵심 명사는

journey이고 나머지는 수식어구이다.

-----------------------------

109

The fancy seemed to possess her more strongly as one by one the ties that bound her to friendship and to earth were loosed.

그녀를 우정, 그리고 이 세상과 묶어주는 인연들이 하나씩 풀어지면서, 망상은 더 강하게 그녀를 휘어잡는 것 같았다.

주어[The fancy] + 동사[seemed to possess] + 목적어[her] + 부사구[more strongly] + 시간부사절[as one by one the ties that bound her to friendship and to earth were loosed]

-시간부사절
부사절접속사[as] + 부사구[one by one] + 주어[the ties] + 수식어절[that bound her to friendship and to earth] + 동사구[were loosed]

-수식어절
주격관계대명사[that] + 동사[bound] + 목적어[her] + 부사구[to friendship and to earth]

as one by one the ties that bound her to friendship and to earth were loosed에서 as는 '~함에 따라'라는 의미의 부사절 접속사입니다. one by one은 '하나하나씩'이라는 의미의 부사구, as가 이끄는 절의 주어는 the time이며 동사는 were loosed입니다. 중간의 that ~ to earth는 주어를 꾸며줍니다.

------------------------------

110

The day wore away, and even through the twilight they could see the lone ivy leaf clinging to its stem against the wall.

그날도 다 지나가고 황혼이 되어도 그들은 담쟁이덩굴의 그 외로운 잎사귀가 벽에 그냥 매달려 있는 것을 보았다.

주어[The day] + 동사구[wore away] + 등위접속사[and] + 부사구[even through the twilight] + 주어[they] + 동사[could see] + 목적어[the lone ivy leaf] + 동시상황분사구[clinging to its stem against the wall]

------------------------------

111
And then, with the coming of the night the north wind was again loosed, while the rain still beat against the windows and pattered down from the low Dutch eaves.

그러다가 밤이 되어 북풍이 다시 사납게 휘몰아치기 시작했는데, 비가 여전히 창문을 때려 네덜란드풍의 낮은 처마에서 후두둑 떨어졌다.

등위접속사[And] + 부사[then] + 동시상황[with the coming of the night] + 주어[the north wind] + 동사[was again loosed] + 시간부사절[while the rain still beat against the windows and pattered down from the low Dutch eaves]

-시간부사절
시간접속사[while] + 주어[the rain] + 부사[still] + 동사1[beat against] + 목적어[the windows] + 등위접속사[and] + 동사2[pattered down] + 장소부사구[from the low Dutch eaves]

------------------------------

112

When it was light enough Johnsy, the merciless, commanded that the shade be raised.

날이 밝아오자 존시는 사정없이 커튼을 올리라고 명령했다.

부사절[When it was light enough] + 주절[Johnsy, the merciless, commanded that the shade be raised]

-부사절

시간접속사[When] + 주어[it] + 동사[was] + 보어[light] + 부사[enough]

-주절

주어[Johnsy, the merciless] + 동사[commanded] + 목적어절 접속사[that] + 주어[the shade] + 동사[be raised]

------------------------------

113

The ivy leaf was still there.

담쟁이 잎은 여전히 그곳에 있었다.

주어[The ivy leaf] + 동사[was] + 부사[still] + 장소부

사[there]

---------------------------

114
Johnsy lay for a long time looking at it.

존시는 누워서 오랫동안 그것을 바라보았다.

주어[Johnsy] + 동사[lay] + 시간부사구[for a long time] + 동시상황분사구[looking at it]

---------------------------

115
And then she called to Sue, who was stirring her chicken broth over the gas stove.

그러더니 가스 스토브 위 닭죽을 휘젓고 있는 수를 불렀다.

등위접속사[And] + 부사[then] + 주어[she] + 동사[called to] + 목적어[Sue] + 수식어절[who was stirring her chicken broth over the gas stove]

-수식어절
주격관계대명사[who] + 동사[was stirring] + 목적어[her

chicken broth] + 장소부사구[over the gas stove]

---------------------------

116

"I've been a bad girl, Sudie," said Johnsy.

"난 나쁜 애였어, 수디." 존시가 말했다.

주어[I] + 동사['ve been] + 보어[a bad girl]

---------------------------

117

"Something has made that last leaf stay there to show me how wicked I was.

뭔지 몰라도 내가 얼마나 나쁜지 보여주려고 저 마지막 잎을 저기 남겨 둔거야.

주어[Something] + 동사[has made] + 목적어[that last leaf] + 목적격보어[stay] + 부사[there] + 목적을 나타내는 to부정사구[to show me how wicked I was]

-목적을 나타내는 to부정사구
to부정사[to show] + 간접목적어[me] + 직접목적어[how wicked I was]

간접목적어로 쓰인 how wicked I was를 보면, how 다음에 형용사가 와서 '얼마나 ~인지'라는 의미를 나타냅니다. 그 다음 어순이 중요한데, 주어와 동사가 나란히 왔어요. wicked의 원래 자리는 동사 was 다음인데 how와 함께 문장 앞으로 갔어요.

------------------------------

118

It is a sin to want to die.

죽고 싶어 하다니 그건 죄야.

가주어[It] + 동사[is] + 보어[a sin] + 진주어[to want to die]

-----------------------------

119

You may bring a me a little broth now, and some milk with a little port in it,

이제, 국물 좀 갖다 줘. 우유에 포도주를 타서 좀 주고.

주어[You] + 동사구[may bring] + 간접목적어[a me] + 직접목적어1[a little broth] + 부사[now] + 등위접속사[and] + 직접목적어2[some milk] + 수식어구[with a little port in it]

-----------------------------

120
and - no; bring me a hand-mirror first, and then pack some pillows about me, and I will sit up and watch you cook."

그리고 아니야, 손거울부터 먼저 줘. 그리고 내 등에 베개 좀 받쳐줘. 일어나 앉아서 네가 요리하는 걸 볼래."

and - no; 명령문의 동사1[bring] + 간접목적어[me] + 직접목적어[a hand-mirror] + 부사[first] + 등위접속사로 연결된 동사구2[and then pack some pillows about me] + 등위접속사로 연결된 절[and I will sit up and watch you cook]

-등위접속사로 연결된 동사구2
등위접속사[and] + 부사[then] + 동사[pack] + 목적어[some pillows] + 부사[about me]

-등위접속사로 연결된 절
등위접속사[and] + 주어[I] + 동사구[will sit up] + 등위접속사[and] + 동사[watch] + 목적어[you] + 목적격보어[cook]

등위접속사 and가 두 번 나와 모두 세 가지 큰 구조가 연결된 것으로 볼 수 있습니다.
첫 번째 and 다음에 주어 없이 동사만 나오므로 맨 처음 문장을 시작하는 명령문의 동사 bring에 연결된 것으로 보면 됩니다. 두 번째 and 다음에는 주어와 동사가 나오므로 새로운 절이 연결된 것이라고 보면 됩니다. '~해주고, ~해줘요, 그러면 난 ~할게요'라는 의미가 됩니다.

------------------------------

121
"Sudie, some day I hope to paint the Bay of Naples."

"수디, 언젠가 나폴리 만을 그려 보고 싶어."

호칭[Sudie] + 부사구[some day] + 주어[I] + 동사[hope] + 목적어구[to paint the Bay of Naples]

-목적어구
hope의 목적어인 to부정사[to paint] + 목적어[the Bay of Naples]

------------------------------

122
The doctor came in the afternoon, and Sue had an excuse to go into the hallway as he left.

오후에 의사가 왔는데, 수가 구실을 대고 나가는 의사를 복도로 따라 나왔다.

주어[The doctor] + 동사[came] + 부사구[in the afternoon] + 등위접속사[and] + 주어[Sue] + 동사[had] + 목적어[an excuse] + 수식어구[to go into the hallway] + 시간부사절[as he left]

------------------------------

123
"Even chances," said the doctor, taking Sue's thin, shaking hand in his.

"희망은 반이에요." 의사는 수의 떨고 있는 여윈 손을 잡고 말했다.

"Even chances,"라고 의사가 말하는 동안의 행동을 taking Sue's thin, shaking hand in his로 묘사하고 있습니다. 이런 동시상황은 현재분사로 표현합니다. 상태인 경우 과거분사가 많이 사용됩니다. 그러나 반드시 '수동/능동'의 의미를 따져서 사용해야 합니다.

------------------------------

124
"With good nursing you'll win."

"간호만 잘 해주면 당신이 이겨낼 거예요."

조건의 부사구[With good nursing] + 주어[you] + 동사구['ll win]
------------------------------

125
And now I must see another case I have downstairs.

"그럼 이제 아래층에 있는 환자를 보러 가야겠어요.

등위접속사[And] + 부사[now] + 주어[I] + 동사[must see] + 목적어[another case] + 수식어절[I have downstairs]

-수식어절
주어[I] + 동사[have] + 부사[downstairs]

이 수식어절은 바로 앞의 another case라는 명사를 수식해주는데, 관계대명사(that, which)가 생략되어 있습니다. 목적격일 때는 흔히 생략합니다. 직역해보면 '내가 아래층에 내가 가진 또 다른 환자'라는 의미가 됩니다.

------------------------------

126
Behrman, his name is—some kind of an artist, I believe.

베어먼이라는 사람인데, 화가라던 것 같아요.

목적어[Behrman] + 주어[his name] + 동사[is] + 삽입구[—some kind of an artist] + 삽입절[I believe]

강조를 위해 Behrman이라는 이름을 먼저 언급하고 주어와 동사를 뒤에 붙였습니다.

------------------------------

127
He is an old, weak man, and the attack is acute.

그는 나이가 많고 몸도 약한데 갑자기 걸렸어요.

주어[He] + 동사[is] + 보어[an old, weak man] + 등위접속사[and] + 주어[the attack] + 동사[is] + 보어[acute]

-----------------------------

128

There is no hope for him; but he goes to the hospital to-day to be made more comfortable.

그가 나을 희망은 없지만 오늘 병원으로 가면 좀 편해질 거예요.

유도부사[There] + 동사[is] + 주어[no hope] + 수식어구[for him]

등위접속사[but] + 주어[he] + 동사[goes] + 장소부사구[to the hospital] + 시간부사구[to-day] + 목적을 나타내는 to부정사구[to be made more comfortable]

-----------------------------

129
The next day the doctor said to Sue:

이튿날 의사는 수에게 말했다.

시간부사구[The next day] + 주어[the doctor] + 동사[said to] + 목적어[Sue]

------------------------------

130
And that afternoon Sue came to the bed where Johnsy lay, contentedly knitting a very blue and very useless woollen shoulder scarf, and put one arm around her, pillows and all.

그리고 그날 오후, 존시가 누운 채 만족스러운 모습으로 도무지 쓸모없어 새파란 숄을 짜고 있는 침대로 수가 다가가자 수는 한쪽 팔로 베개와 함께 존시를 껴안았다.

등위접속사[And] + 시간부사구[that afternoon] + 주어[Sue] + 동사[came] + 장소부사구[to the bed] + 수식어절[where Johnsy lay, contentedly knitting a very blue and very useless woollen shoulder scarf, and put one arm around her, pillows and all]

-수식어절

관계부사[where] + 주어[Johnsy] + 동사1[lay] + 부사[contentedly] + 동시상황분사구[knitting a very blue and very useless woollen shoulder scarf] + 등위접속사[and] + 동사2[put] + 목적어[one arm] + 장소부사구[around her pillows and all]

-----------------------------

131

"I have something to tell you, white mouse," she said.

"할 이야기가 있어, 귀염둥이." 그녀가 말했다.

주어[I] + 동사[have] + 목적어[something] + 수식어구[to tell you] +호칭[white mouse]

-----------------------------

132

Mr. Behrman died of pneumonia to-day in the hospital.

베어먼 씨가 오늘 병원에서 폐렴으로 돌아가셨어.

주어[Mr. Behrman] + 동사[died] + 전치사구[of pneumonia] + 부사구[to-day in the hospital]

-----------------------------

133
He was ill only two days.

겨우 이틀을 앓으셨대.

주어[He] + 동사[was] + 보어[ill] + 시간부사구[only two days]

-----------------------------

134
The janitor found him the morning of the first day in his room downstairs helpless with pain.

관리인이 첫날 아침에 아래층 방에서 몹시 괴로워하고 있는 베어먼 씨를 발견했어.

주어[The janitor] + 동사[found] + 목적어[him] + 부사[the morning] + morning 수식어구[of the first day in his room] + 장소부사구[downstairs] + 목적격보어[helpless with pain]

동사 found와 목적어 him, 목적격보어 helpless with pain을 붙여서 보면 5형식 문장 구조가 쉽게 이해됩니다. 중간에 노인이 발견된 상황에 대한 설명을 길게 덧붙여서 기본 문장 구조가 잘 보이지 않을 수 있습니다.

------------------------------

135
His shoes and clothing were wet through and icy cold.

신발과 옷은 흠뻑 젖어서 얼음처럼 차가웠대.

주어[His shoes and clothing] + 동사[were] + 보어[wet through and icy cold]

------------------------------

136
They couldn't imagine where he had been on such a dreadful night.

그렇게 날이 험한데 도대체 밤에 어디를 갔다 오셨는지 알지 못했어.

주어[They] + 동사[couldn't imagine] + 목적어절[where he had been on such a dreadful night]

-목적어절

관계부사[where] + 주어[he] + 동사[had been] + 시간 부사구[on such a dreadful night]

-----------------------------

137

And then they found a lantern, still lighted, and a ladder that had been dragged from its place, and some scattered brushes, and a palette with green and yellow colors mixed on it, and—look out the window, dear, at the last ivy leaf on the wall.

그러다가 그들은 아직 불이 켜져 있는 랜턴과 두던 곳에서 끌어내온 사다리와 흩어진 화필과 초록색과 노란색 물감을 푼 팔레트를 발견했어. 그리고 애, 창밖에 저 벽에 붙은 마지막 담쟁이 잎을 내다봐.

문장 1

등위접속사[And] + 부사[then] + 주어[they] + 동사[found] + 목적어1[a lantern still lighte,] + 등위접속사[and] + 목적어2[a ladder that had been dragged from its place] + 등위접속사[and] + 목적어3[some scattered brushes] + 등위접속사[and] + 목적어4[a palette with green and yellow colors mixed on it]

-목적어1

[a lantern] + 수식어구[still lighted,]

-목적어2

등위접속사[and] + 목적어2[a ladder] + 수식절의 주격 관계대명사[that] + 동사[had been dragged] + 장소부사

구[from its place]

-목적어3
등위접속사[and] + 목적어3[some scattered brushes]

-목적어4
등위접속사[and] + 목적어4[a palette] + 수식어구[with green and yellow colors mixed on it]

-문장2
등위접속사[and] — 동사[look out] + 목적어[the window] + 호칭[dear] + 전치사[at] + 목적어[the last ivy leaf] + 장소부사구[on the wall]

----------------------------

138

Didn't you wonder why it never fluttered or moved when the wind blew?

바람이 부는데도 왜 전혀 흔들리지도, 움직이지도 않는지 궁금하지 않니?

의문문조동사[Didn't] + 주어[you] + 동사원형[wonder] + 목적어절[why it never fluttered or moved] + why절에 관련한 부사절[when the wind blew] ?

-목적어절

관계부사[why] + 주어[it] + 부정어[never] + 동사1[fluttered] 등위접속사[or] + 동사2[moved] + 시간접속사[when] + 주어[the wind] + 동사[blew] ?

-----------------------------

139

Ah, darling, it's Behrman's masterpiece—he painted it there the night that the last leaf fell.

아아, 존시, 저건 베어먼 씨의 걸작이야. 마지막 잎사귀가 떨어진 날 밤, 그가 저 자리에 그려 놓으신 거야."

감탄사[Ah] + 호칭[darling] + 주어[it] + 동사['s] + 보어[Behrman's masterpiece] + 삽입절[—he painted it there the night that the last leaf fell]

-삽입절

주어[he] + 동사[painted] + 목적어[it] + 부사[there] + 부사구[the night that the last leaf fell]

-부사구

시간명사[the night] + 관계부사[that] + 주어[the last leaf] + 동사[fell]

# 전문

# The Last Leaf

## 1 화가들이 모여든 거리

In a little district west of Washington Square the streets have run crazy and broken themselves into small strips called "places." These "places" make strange angles and curves. One Street crosses itself a time or two. An artist once discovered a valuable possibility in this street. Suppose a collector with a bill for paints, paper and canvas should, in traversing this route, suddenly meet himself coming back, without a cent having been paid on account!

워싱턴 스퀘어의 작은 서쪽 구역에는 길이 이리 저리 마구 얽혀서 작은 길들로 나눠지는데, <플레이스>라고 불린다. 이 <플레이스>들은 이상한 각과 곡선들을 만들어낸다. 하나의 길이 한두 번 스스로를 교차한다. 한 화가가 이 거리에서 의미 있는 가능성을 발견했다. 수금원이 물감과 종이와 캔버스에 대한 고지서를 들고 이 거리를 헤매다가 외상 한 푼 받지 못하고 되돌아 나간다면 어떨지 상상해보라!

## 2 예술인들의 마을

So, to quaint old Greenwich Village the art people soon came prowling, hunting for north windows and eighteenth-century gables and Dutch attics and low rents. Then they imported some pewter mugs and a chafing dish or two from Sixth Avenue, and became a "colony."

그래서 이 색다르고 오래된 그리니치 빌리지에 곧 화가들이 몰려들어, 북향의 창과 18세기 풍 박공, 그리고 네덜란드 풍 다락방, 싼 방세를 찾아다녔다. 그리고 그들이 6번가에서 머그컵과 탁상용 풍로를 하나 둘 들고 들어와서 '예술인 군락이 생겼다.

## 3

At the top of a squatty, three-story brick Sue and Johnsy had their studio. "Johnsy" was familiar for Joanna. One was from Maine; the other from California. They had met at the table d'h?te of an Eighth Street "Delmonico's," and found their tastes in art, chicory salad and bishop sleeves so congenial that the joint studio resulted.

수와 존지는 나지막한 3층 벽돌집 꼭대기에 화실을 두었다. '존지'는 조안너의 애칭이다. 수우는 메인 주 출신이고 존지는 캘리포니아 출신이었다. 두 사람은 8번 가의 '델모니코' 식당에서 정식을 먹다가 만나, 예술에 있어서나 치커리 샐러드나 예복 소매의 취향에 있어서나 취향이 같다는 것을 발견하고는 화실을 같이 쓰게 되었다.

## 4 폐렴의 유행

That was in May. In November a cold, unseen stranger, whom the doctors called Pneumonia, stalked about the colony, touching one here and there with his icy fingers. Over on the east side this ravager strode boldly, smiting his victims by scores, but his feet trod slowly through the maze of the narrow and moss-grown "places."

5월의 일이었다. 11월이 되자 의사들이 폐렴이라고 부르는 차갑고 보이지 않는 낯선 이가 이 집단을 여기저기서 쏘다니면서 그 차가운 손가락으로 사람들을 만지고 다녔다. 이스트사이드에서는 이 파괴자가 대담하게 쏘다니면서 수십 명의 희생자를 공격하고 있는데, 이 좁고 이끼낀 '플레이스'의 미로를 통과하면서는 느리게 걸어다녔다.

## 5 폐렴에 걸린 존시

Mr. Pneumonia was not what you would call a chivalric old gentleman. A mite of a little woman with blood thinned by California zephyrs was hardly fair game for the red-fisted, short-breathed old duffer. But Johnsy he smote; and she lay, scarcely moving, on her painted iron bedstead, looking through the small Dutch window-panes at the blank side of the next brick house.

폐렴 씨는 기사도적인 노신사라고 부를 것이 아니었다. 캘리포니아의 부드러운 바람으로 갸날퍼진 조그만 어린 처녀는, 도저히 피 묻은 주먹을 쥐고, 거친 숨을 몰아쉬는 늙은 협잡꾼의 정당한 사냥감이 될 수는 없었다. 그런데도 그는 존지를 공격했다. 그래서 그녀는 페인트칠을 한 철제 침대에 누워 거의 움직이지 못한 채, 조그만 네덜란드풍의 창문을 통해 옆에 있는 벽돌집의 텅 빈 벽을 바라보고 있었다.

# 6 희망을 버린 수의 상태

One morning the busy doctor invited Sue into the hallway with a shaggy, gray eyebrow.

"She has one chance in—let us say, ten," he said, as he shook down the mercury in his clinical thermometer. "And that chance is for her to want to live. This way people have of lining-u on the side of the undertaker makes the entire pharmacopoeia look silly. Your little lady has made up her mind that she's not going to get well. Has she anything on her mind?"

어느 날 아침, 바쁜 의사가 텁수룩한 털이 반백인 눈썹을 움직여서 복도로 수를 불렀다.

"저 아가씨가 살 수 있는 희망은, 음, 열에 하나에요." 그는 의료용 체온계를 흔들어 내리면서 말했다. "그리고 그 가능성도 아가씨가 살고 싶어 해야 하는 거예요. 지금처럼 사람들이 장의사한테 달려갈 분위기면 처방이고 뭐고 다 바보 같은 짓이에요. 저 아가씨는 회복되지 않는다고 마음먹고 있어요. 무언가 마음에 걸린 일이라도 있나요?"

## 7 수의 마음은...?

"She—she wanted to paint the Bay of Naples some day." said Sue.
"Paint?—bosh! Has she anything on her mind worth thinking twice—a man for instance?"
"A man?" said Sue, with a jew's-harp twang in her voice. "Is a man worth—but, no, doctor; there is nothing of the kind."

"그녀는... 언젠가 나폴리만을 그리고 싶어 했어요."
"그림을 그려? 바보 같군요! 무언가 마음에 걸릴 만한 가치가 있는 것은 없나요? 예를 들면 남자 말이에요."
"남자요?" 수는 터무니 없는 소리라는 투로 말했다.
"남자가 있다면 그럴 수도... 하지만 아니에요, 선생님. 그런 건 없어요."

## 8 희망의 가능성

"Well, it is the weakness, then," said the doctor. "I will do all that science, so far as it may filter through my efforts, can accomplish. But whenever my patient begins to count the carriages in her funeral procession I subtract 50 per cent from the curative power of medicines. If you will get her to ask one question about the new winter styles in cloak sleeves I will promise you a one-in-five chance for her, instead of one in ten."

"음, 그건 좋지 않은데요." 의사가 말했다. "힘이 미치는 한, 의술을 다 동원해보도록 할게요. 하지만, 환자가 자기 장례식 행렬의 수를 세기 시작하면 약의 효과도 반이 줄어요. 당신이 잘 구슬려서 새로운 겨울 외투 소매 스타일에 대해서라도 질문하게 한다면 가능성이 열에 하나가 아니라 다섯에 하나가 된다고 약속하죠."

## 9 존시를 돌보는 수

After the doctor had gone Sue went into the workroom and cried a Japanese napkin to a pulp. Then she swaggered into Johnsy's room with her drawing board, whistling ragtime.
Johnsy lay, scarcely making a ripple under the bedclothes, with her face toward the window. Sue stopped whistling, thinking she was asleep.
She arranged her board and began a pen-and-ink drawing to illustrate a magazine story.

의사가 돌아간 뒤 수는 작업실로 가 일본풍 냅킨이 곤죽이 될 정도로 울었다. 그러고는 화판을 들고 휘파람으로 재즈를 불면서 힘차게 존지의 방으로 들어갔다.
존지는 누워 있는 이불 밑에 잔잔한 파장도 없이, 얼굴을 창문으로 돌리고 있었다. 수는 그녀가 잠들어 있는 줄 알고 휘파람을 멈췄다.
그녀는 화판을 세워놓고 잡지 소설의 삽화를 그리기 시작했다.

## 10 생계를 위한 그림을 그리는 수

Young artists must pave their way to Art by drawing pictures for magazine stories that young authors write to pave their way to Literature.
As Sue was sketching a pair of elegant horseshow riding trousers and a monocle of the figure of the hero, an Idaho cowboy, she heard a low sound, several times repeated. She went quickly to the bedside.

젊은 화가들은 젊은 작가들이 문학에의 길을 개척해 나가기 위해서 쓰는 잡지의 소설에 쓸 그림을 그리는 방식으로 예술에 대한 길을 개척해 나가야 한다.
수가 소설의 주인공인 아이다호 카우보이의 모습에, 품평회에 입고 나갈 우아한 승마바지와 단안경을 그리고 있을 때, 몇 번이나 되풀이되는 낮은 소리를 들었다. 그녀는 얼른 침대 옆으로 다가갔다.

## 11 뭔가를 세는 존시

Johnsy's eyes were open wide. She was looking out the window and counting - counting backward.
"Twelve," she said, and little later "eleven"; and then "ten," and "nine"; and then "eight" and "seven", almost together.
Sue look solicitously out of the window. What was there to count?

존지가 눈을 커다랗게 떴다. 그녀는 창밖을 바라보며 세고 있었다—거꾸로 수를 세고 있었다. "열둘." 하고 세고는 조금 후에 "열 하나.", 그리고 나서 "열.", "아홉." 그리고 나서, "여덟." 그리고, "일곱."거의 동시에 셌다.
수는 궁금해서 창밖을 내다보았다. 세고 있는 게 뭐가 있는 거지?

# 12 담쟁이덩굴 잎사귀들

There was only a bare, dreary yard to be seen, and the blank side of the brick house twenty feet away. An old, old ivy vine, gnarled and decayed at the roots, climbed half way up the brick wall. The cold breath of autumn had stricken its leaves from the vine until its skeleton branches clung, almost bare, to the crumbling bricks.

"What is it, dear?" asked Sue.

"Six," said Johnsy, in almost a whisper.

살풍경하고 쓸쓸한 안마당과 20피트 떨어진 곳에 벽돌집의 텅빈 벽면이 보일 뿐이었다. 뿌리가 울퉁불퉁하고 옹이진 썩은 늙은 담쟁이덩굴 한 그루가 벽돌담 중간쯤까지 뻗어 올라가 있었다. 차가운 가을 바람이 잎사귀를 쳐 덩굴에서 떨어지고, 거의 헐벗은 앙상한 가지가 허물어져 가는 벽돌담에 매달려 있었다.

"뭐야?" 수가 물었다.

"여섯." 존지가 거의 속삭였다.

## 13 마지막 잎에 운명을 동일시하는 존시

"They're falling faster now. Three days ago there were almost a hundred. It made my head ache to count them. But now it's easy. There goes another one. There are only five left now."

"Five what, dear? Tell your Sudie."

"Leaves. On the ivy vine. When the last one falls I must go, too. I've known that for three days. Didn't the doctor tell you?"

"이제 더 빨리 떨어지고 있어. 사흘 전에는 거의 백 장쯤 있었는데. 세고 있으면 머리가 아플 만큼 있었는데 이젠 쉬워. 또 한 잎 떨어진다. 다섯 잎밖에 안 남았어."

"뭐가 다섯 잎이지? 얘기해봐 수디."

"잎사귀 말이야. 담쟁이덩굴에 붙은 잎사귀들. 마지막 한 잎이 떨어지면 나도 가는 거야. 나는 사흘 전부터 알고 있었어. 의사 선생님이 말씀하시지 않았어?"

## 14 존시의 말에 당황하는 수

"Oh, I never heard of such nonsense," complained Sue, with magnificent scorn. "What have old ivy leaves to do with your getting well? And you used to love that vine so, you naughty girl. Don't be a goosey. Why, the doctor told me this morning that your chances for getting well real soon were—let's see exactly what he said—he said the chances were ten to one!

"아, 그런 말도 안 되는 소리는 들은 적이 없어." 수는 몹시 경멸하는 듯이 투덜거렸다. "늙은 담쟁이 잎사귀와 네 상태가 좋아지는 게 무슨 상관이 있다는 거야? 그리고 넌 저 덩굴을 아주 좋아했잖아. 이 말괄량이야, 바보 같은 소리 하지 마. 오늘 아침에 의사 선생님이 네가 곧 완쾌할 가망성은 ... 선생님이 정확히 뭐라셨냐면... 하나에 열이라고 그러셨어!

## 14 존시를 격려하려는 수의 노력

Why, that's almost as good a chance as we have in New York when we ride on the street cars or walk past a new building. Try to take some broth now, and let Sudie go back to her drawing, so she can sell the editor man with it, and buy port wine for her sick child, and pork chops for her greedy self."

음, 그건 뉴욕에서 전차를 타고 가거나 신축 건물을 지나갈 때 그럴 가능성 같은 거야. 자, 국물 좀 마셔. 그리고 수디는 다시 그림을 그리게 해줘. 그래서 그걸 잡지사 편집자에게 팔면 울 아픈 아가에겐 포도주를 사주고 먹성 좋은 나를 위해서 돼지고기를 살 수가 있다고."

## 15 희망을 잃은 존시

"You needn't get any more wine," said Johnsy, keeping her eyes fixed out the window. "There goes another. No, I don't want any broth. That leaves just four. I want to see the last one fall before it gets dark. Then I'll go, too."
"Johnsy, dear," said Sue, bending over her, "will you promise me to keep your eyes closed, and not look out the window until I am done working? I must hand those drawings in by to-morrow. I need the light, or I would draw the shade down."

"포도주는 더 이상 살 필요 없어." 존지가 눈을 계속 창밖에 고정시키고서 말했다. "또 한 잎 떨어진다. 아니, 국물도 먹고 싶지 않아. 네 잎밖에 남지 않았어. 어둡기 전에 마지막 잎이 떨어지는 걸 보고 싶어. 그러면 나도 죽을 거야."
"존지, 얘야." 수는 그녀 위에 몸을 굽히면서 말했다. "내가 일을 다 끝낼 때까지 눈을 감고 창밖을 보지 않겠다고 약속해줄래? 이 그림을 내일까지 넘겨줘야 해. 빛이 있어야 하는데, 그렇지만 않았으면 커튼을 내리고 싶은데."

## 16 마지막 잎이 떨어지기를 기다리는 존시

"Couldn't you draw in the other room?" asked Johnsy, coldly.
"I'd rather be here by you," said Sue. "Beside, I don't want you to keep looking at those silly ivy leaves."
"Tell me as soon as you have finished," said Johnsy, closing her eyes, and lying white and still as fallen statue, "because I want to see the last one fall. I'm tired of waiting.

"다른 방에서 그릴 수 없어?"하고 존지가 차갑게 물었다.
"네 옆에 있는 게 좋을 것 같아서." 수가 말했다. "게다가 네가 계속해서 바보같은 담쟁이 잎사귀를 쳐다보고 있는 게 싫어다고."
"다 그리면 말해줘." 존지는 눈을 감고 쓰러진 조각처럼 창백하고 가만히 누운 채 말했다. "마지막 잎이 떨어지는 걸 보고 싶거든. 기다리는 데 지쳤어.

## 17 수와 존시의 대화

I'm tired of thinking. I want to turn loose my hold on everything, and go sailing down, down, just like one of those poor, tired leaves."
"Try to sleep," said Sue. "I must call Behrman up to be my model for the old hermit miner. I'll not be gone a minute. Don't try to move 'til I come back."

난 생각하는 것도 지쳤어. 모든 것에 대한 집착을 버리고 저 불쌍하고 지친 나뭇잎처럼 아래로 떨어져 버리고 싶어."
"자려고 해봐." 수가 말했다. "난 베어먼 할아버지를 모델로 불러다가 은둔한 늙은 광부가 되어 달라고 해야겠어. 곧 올게. 내가 돌아올 때까지 움직이지 마."

## 18 베어먼 노인

Old Behrman was a painter who lived on the ground floor beneath them. He was past sixty and had a Michael Angelo's Moses beard curling down from the head of a satyr along with the body of an imp. Behrman was a failure in art. Forty years he had wielded the brush without getting near enough to touch the hem of his Mistress's robe. He had been always about to paint a masterpiece, but had never yet begun it.

베어먼 노인은 그들의 아래층인 1층에 살고 있는 화가였다. 나이는 60이 넘었고, 미켈란젤로가 그린 모세의 수염 같은 구레나룻이 도깨비 몸을 한 사티로스 같은 머리에서 곱슬곱슬 흘러내렸다. 베어먼은 예술에 있어 실패자였다. 40년이나 붓을 잡아왔지만 예술의 여신이 입은 옷단에 닿을 근처도 가보지 못했다. 그는 항상 걸작을 그린다고 하지만 아직 시작해본 적이 없었다.

# 19 베어먼 노인과 그림

For several years he had painted nothing except now and then a daub in the line of commerce or advertising. He earned a little by serving as a model to those young artists in the colony who could not pay the price of a professional. He drank gin to excess, and still talked of his coming masterpiece.

몇 년 동안 이따금 상업용이나 광고용의 서투른 그림을 그린 것 이외에는 아무것도 그리지 못했다. 그는 전문 모델을 부를 돈이 없는 이 마을 젊은 화가들에게 모델이 되어 주고 조금씩 받은 돈으로 살고 있었다. 진을 지나치게 많이 마시고는 여전히 곧 그릴 걸작에 대해 얘기했다.

# 20 베어먼 노인의 걸작

For the rest he was a fierce little old man, who scoffed terribly at softness in any one, and who regarded himself as especial mastiff-in-waiting to protect the two young artists in the studio above.
Sue found Behrman smelling strongly of juniper berries in his dimly lighted den below. In one corner was a blank canvas on an easel that had been waiting there for twenty-five years to receive the first line of the masterpiece.

그 밖에는, 그는 몸집은 난폭하고 작은 노인이었는데, 누구나 유약한 모습을 보이면 사정없이 비웃고, 특히 위층 화실에 사는 두 젊은 예술가들을 보호하고 돌보는 경비견처럼 여기고 있었다.
수는 베어먼이 아래층의 어두침침한 골방에서 노간주나무 열매의 냄새를 강하게 풍기며 앉아 있는 것을 발견했다. 한쪽 구석에는 걸작의 첫 획이 그려지기를 25년이나 기다려온 빈 캔버스가 이젤 위에 놓여 있었다.

## 21 존지의 망상에 화 내는 노인

She told him of Johnsy's fancy, and how she feared she would, indeed, light and fragile as a leaf herself, float away, when her slight hold upon the world grew weaker.
Old Behrman, with his red eyes plainly streaming, shouted his contempt and derision for such idiotic imaginings.

그녀는 베어먼에게 존지의 망상에 대해 이야기하고는, 존지는 정말 나뭇잎처럼 가볍고 허약해서, 이 세상에 대한 존시의 실낱같은 희망이 더 약해지면 둥둥 떠날라가 버리는 건 아닌지 너무 두렵다고 말했다. 베어먼 노인은 핏발이 선 눈에 눈물을 글썽 그리면서 그런 어리석은 망상에 큰 소리로 모멸과 조소를 퍼부었다.

## 22 베어먼의 분노

"Vass!" he cried. "Is dere people in de world mit der foolishness to die because leafs dey drop off from a confounded vine? I haf not heard of such a thing. No, I will not bose as a model for your fool hermit-dunderhead. Vy do you allow dot silly pusiness to come in der brain of her? Ach, dot poor leetle Miss Yohnsy."

"뭐라고!" 그는 소리쳤다. "빌어먹을 덩굴에서 잎이 떨어지면 저도 죽는다는 그런 얼빠진 소릴 하는 사람들이 세상에 어디 있어? 그런 말은 들어본 적도 없어. 아니야, 나는 아가씨의 그 쓸데없는 은둔자의 숙맥같은 모델이 되지는 않을 거야. 너는 왜 존지가 그런 바보같은 생각을 하게 두는 거야? 아아, 가엾은 미스 존지야."

## 23 노인과 수의 실랑이

"She is very ill and weak," said Sue, "and the fever has left her mind morbid and full of strange fancies. Very well, Mr. Behrman, if you do not care to pose for me, you needn't. But I think you are a horrid old - old flibbertigibbet."

"그녀는 몹시 아파서 약해졌어요." 수가 말했다. "그리고 열 때문에 마음까지 병에 걸려서 이상한 망상으로 가득 차 있어요. 좋아요, 베어먼 씨, 저를 위해 포즈를 취해주지 않으시겠다면 그러실 필요 없어요. 하지만 당신은 지독히도 경박한 노인이라고 생각할 거예요."

## 24 베어먼의 진심

"You are just like a woman!" yelled Behrman. "Who said I will not bose? Go on. I come mit you. For half an hour I haf peen trying to say dot I am ready to bose. Gott! dis is not any blace in which one so goot as Miss Yohnsy shall lie sick. Some day I vill baint a masterpiece, and ve shall all go away. Gott! yes."

"너도 할 수없이 여자구나!" 베어만 노인이 소리쳤다. "누가 모델 안 해준다고 말했어? 앞장서. 같이 갈 테니까. 30분 전부터 나는 언제라도 포즈를 취할 준비가 됐다고 말하려 했었다고. 참! 이곳은 존지 같은 착한 아가씨가 아파 누워 있을 데가 아냐. 언젠가 나는 걸작을 그릴 거야. 그러면 우리 모두 다른 데로 가자고. 진짜야! 그럼."

## 25 모델이 되어주는 베어먼

Johnsy was sleeping when they went upstairs. Sue pulled the shade down to the window-sill, and motioned Behrman into the other room. In there they peered out the window fearfully at the ivy vine. Then they looked at each other for a moment without speaking. A persistent, cold rain was falling, mingled with snow. Behrman, in his old blue shirt, took his seat as the hermit miner on an upturned kettle for a rock.

두 사람이 위층에 올라갔을 때 존지는 잠이 들었다. 수는 커튼을 창턱까지 내리고, 손짓으로 베어먼에게 옆방으로 가자는 신호를 보냈다. 그들은 방에 들어가 창밖으로 담쟁이덩굴을 걱정스럽게 내다보았다. 그리고 잠시 말없이 서로 쳐다보았다. 쉴 새 없이 차가운 비가 내려 눈으로 섞이고 있었다. 낡은 푸른 옷을 입은 베어먼은 은둔한 광부의 자세로 바위 대신 엎어놓은 냄비 위에 앉았다.

## 26 살아남은 한 잎

When Sue awoke from an hour's sleep the next morning she found Johnsy with dull, wide-open eyes staring at the drawn green shade.
"Pull it up; I want to see," she ordered, in a whisper.
Wearily Sue obeyed.
But, lo! after the beating rain and fierce gusts of wind that had endured through the livelong night, there yet stood out against the brick wall one ivy leaf.

수가 한 시간쯤 자고 이튿날 아침 눈을 떴을 때, 존지가 흐릿한 눈을 크게 뜨고 내려진 녹색 커튼을 바라보고 있는 모습을 보았다.
"열어줘, 보고 싶어." 그녀는 속삭이는 소리로 명령했다. 수는 마지못해 하라는 대로 했다.
그런데 하! 긴 밤 내내 지속된 비가 후려치고 사나운 바람이 휘몰아쳤는데도 아직도 벽에 담쟁이 잎사귀 한 장이 남아 있었다.

## 27 희망은 아직...

It was the last one on the vine. Still dark green near its stem, with its serrated edges tinted with the yellow of dissolution and decay, it hung bravely from the branch some twenty feet above the ground.
"It is the last one," said Johnsy. "I thought it would surely fall during the night. I heard the wind. It will fall to-day, and I shall die at the same time."

그것은 담쟁이덩굴의 마지막 잎새였다. 아직도 그 잎자루 근처는 진한 초록빛이었지만, 톱니모양의 가장자리에는 노란 소멸과 조락의 빛을 띠고 땅 위로 20피트쯤 떨어진 가지에 대견스럽게 매달려 있었다.
"저게 마지막 잎이야." 존시가 말했다. "분명히 밤에 떨어질 거라고 생각했어. 바람 소리를 들었는데. 오늘은 떨어질 거야. 그러면 나도 동시에 죽는 거야."

# 28 수의 애원

"Dear, dear!" said Sue, leaning her worn face down to the pillow, "think of me, if you won't think of yourself. What would I do?"

But Johnsy did not answer. The lonesomest thing in all the world is a soul when it is making ready to go on its mysterious, far journey. The fancy seemed to possess her more strongly as one by one the ties that bound her to friendship and to earth were loosed.

"얘, 얘!" 수는 지친 얼굴을 베개에 묻으면서 말했다. "내 생각을 좀 해줘. 네 자신을 생각하고 싶지 않으면 말이야. 난 어떻게 하지?"

그러나 존지는 대답하지 않았다. 이 세상에서 가장 고독한 것은 신비롭고 먼 여행을 떠날 준비를 하는 영혼이다. 그녀를 우정, 그리고 이 세상과 묶어주는 인연들이 하나씩 풀어지면서, 망상은 더 강하게 그녀를 휘어잡는 것 같았다.

## 29 둘째 날도 이겨낸 마지막잎

The day wore away, and even through the twilight they could see the lone ivy leaf clinging to its stem against the wall. And then, with the coming of the night the north wind was again loosed, while the rain still beat against the windows and pattered down from the low Dutch eaves.

When it was light enough Johnsy, the merciless, commanded that the shade be raised.

The ivy leaf was still there.

그날도 다 지나가고 황혼이 되어도 그들은 담쟁이덩굴의 그 외로운 잎사귀가 벽에 그냥 매달려 있는 것을 보았다. 그러다가 밤이 되어 북풍이 다시 사납게 휘몰아치기 시작했는데, 비가 여전히 창문을 때려 네덜란드풍의 낮은 처마에서 후두둑 떨어졌다.

날이 밝아오자 존지는 사정없이 커튼을 올리라고 명령했다.

담쟁이 잎은 여전히 그곳에 있었다.

# 30 희망을 찾기 시작한 존시

Johnsy lay for a long time looking at it. And then she called to Sue, who was stirring her chicken broth over the gas stove.

"I've been a bad girl, Sudie," said Johnsy. "Something has made that last leaf stay there to show me how wicked I was. It is a sin to want to die. You may bring a me a little broth now, and some milk with a little port in it, and - no; bring me a hand-mirror first, and then pack some pillows about me, and I will sit up and watch you cook."

존지는 누워서 오랫동안 그것을 바라보았다. 그러더니 가스 스토브 위 닭죽을 휘젓고 있는 수를 불렀다.

"난 나쁜 애였어, 수디." 존지가 말했다. "뭔지 몰라도 내가 얼마나 나쁜 지 보여주려고 저 마지막 잎을 저기 남겨 둔거야. 죽고 싶어 하다니 그건 죄야. 이제, 그 국물 좀 갖다 줘. 우유에 포도주를 탄 것도 좀 주고. 그리고 아니, 손거울부터 먼저 줘. 그리고 내 등에다 베개 몇 개 좀 받쳐줘. 일어나 앉아서 네가 요리하는 걸 볼래."

## 31 베어먼 노인의 폐렴

And hour later she said:

"Sudie, some day I hope to paint the Bay of Naples."

The doctor came in the afternoon, and Sue had an excuse to go into the hallway as he left.

"Even chances," said the doctor, taking Sue's thin, shaking hand in his. "With good nursing you'll win." And now I must see another case I have downstairs. Behrman, his name is—some kind of an artist, I believe. Pneumonia, too. He is an old, weak man, and the attack is acute. There is no hope for him; but he goes to the hospital to-day to be made more comfortable."

한 시간 뒤에 그녀는 말했다. "수디, 언젠가 나폴리 만을 그려 보고 싶어."

오후에 의사가 왔는데, 수가 구실을 대고 나가는 의사를 복도로 따라 나왔다.

"희망은 반이에요." 의사는 수의 떨고 있는 여윈 손을 잡고 말했다. "간호만 잘 해주면 당신이 이겨낼 거예요." "그럼 이제 아래층에 있는 환자를 보러 가야겠어요. 베어먼이라는 사람인데, 화가라던 것 같아요. 역시 폐렴이에요. 나이가 많고 몸도 약한데 갑자기 걸렸어요. 그가 나을 희망은 없지만 오늘 병원으로 가면 좀 편해질 거예요."

## 32 위기를 벗어난 존시

The next day the doctor said to Sue: "She's out of danger. You won. Nutrition and care now - that's all."
And that afternoon Sue came to the bed where Johnsy lay, contentedly knitting a very blue and very useless woollen shoulder scarf, and put one arm around her, pillows and all.

이튿날 의사는 수에게 말했다. "그녀는 이제 위기는 지났어요. 당신이 이겨냈군요. 앞으로는 영양과 간호, 그게 다에요."
그리고 그날 오후, 존지가 누운 채 만족스러운 모습으로 도무지 쓸모없어 새파란 숄을 짜고 있는 침대로 수가 다가가자 수는 한쪽 팔로 베개와 함께 존지를 껴안았다.

# 33 베어먼 노인의 죽음

"I have something to tell you, white mouse," she said. "Mr. Behrman died of pneumonia to-day in the hospital. He was ill only two days. The janitor found him the morning of the first day in his room downstairs helpless with pain. His shoes and clothing were wet through and icy cold. They couldn't imagine where he had been on such a dreadful night.

"할 이야기가 있어, 귀염둥이." 그녀가 말했다. "베어먼 씨가 오늘 병원에서 폐렴으로 돌아가셨어. 겨우 이틀을 앓으셨대. 관리인이 첫날 아침에 아래층 방에서 몹시 괴로워하고 있는 베어먼 씨를 발견했어. 신발과 옷은 흠뻑 젖어서 얼음처럼 차가웠대. 그렇게 날이 험한데 도대체 밤에 어디를 갔다 오셨는지 알지 못했어.

## 34 베어먼의 걸작, 마지막 잎새

And then they found a lantern, still lighted, and a ladder that had been dragged from its place, and some scattered brushes, and a palette with green and yellow colors mixed on it, and—look out the window, dear, at the last ivy leaf on the wall. Didn't you wonder why it never fluttered or moved when the wind blew? Ah, darling, it's Behrman's masterpiece—he painted it there the night that the last leaf fell."

그러다가 그들은 아직 불이 켜져 있는 랜턴과 두던 곳에서 끌어내온 사다리와 흩어진 화필과 초록색과 노란색 물감을 푼 팔레트를 발견했어. 그리고 얘, 창밖에 저 벽에 붙은 마지막 담쟁이 잎을 내다봐. 바람이 부는데도 왜 전혀 흔들리지도, 움직이지도 않는지 궁금하지 않니? 아아, 존지, 저건 베어먼 씨의 걸작이야. 마지막 잎사귀가 떨어진 날 밤, 그가 저 자리에 그려 놓으신 거야."